中国地质调查成果 CGS 2025－007

"中南地区自然资源动态监测与风险评估"（DD20230104）项目资助

湖南省露天矿山遥感监测图集

HUNAN SHENG LUTIAN KUANGSHAN YAOGAN JIANCE TUJI

杨玉龙　姜　华　柳思羽　何文熹　王　磊
柳　潇　徐宏林　殷宗敏　孙　晨　向秀月　著
刘晴晴　吴佳慧　刘　香　殷新宇

内容简介

本书主要内容为湖南省2023年露天矿山开采情况遥感监测图,分市(州)展示露天矿山遥感影像,重点展示非金属露天矿山的遥感影像特征。书中所展示露天矿山遥感监测图主要包含矿产资源开发过程中涉及的开采面、中转场地、固体废弃物、矿山建筑四大类矿山开发占地类型。其中开采面只有采场一种占地方式;中转场地包含其他矿石堆场、选矿场、选矿池等占地方式;固体废弃物包含尾矿库、废石堆、表土堆、内、外排土场等占地方式;矿山建筑包含生产区、生活区、办公区、矿区道路等占地方式。本书内容丰富、资料翔实,可为矿产资源监测管理、矿山生态保护与修复,以及露天矿山智能识别等提供有力参考数据。

本书是基于遥感技术的矿山调查与监测应用方面的图集。书中所展示的露天矿山遥感监测内容客观真实,丰富多样,可供自然资源监督管理、遥感识别应用、矿山生态保护与修复等方面的部门管理人员、科研人员,以及相关专业的院校师生参考。

图书在版编目(CIP)数据

湖南省露天矿山遥感监测图集/杨玉龙等著.—武汉:中国地质大学出版社,2024.12.
ISBN 978-7-5625-6091-3

Ⅰ.TD824-64

中国国家版本馆 CIP 数据核字第 2024U2B599 号

湖南省露天矿山遥感监测图集		杨玉龙 姜 华 柳思羽 等著
责任编辑:武慧君	选题策划:武慧君	责任校对:何澍语

出版发行:中国地质大学出版社(武汉市洪山区鲁磨路388号)	邮编:430074
电 话:(027)67883511 传 真:(027)67883580	E-mail:cbb@cug.edu.cn
经 销:全国新华书店	http://cugp.cug.edu.cn
开本:880mm×1230mm 1/16	字数:269千字 印张:9.25
版次:2024年12月第1版	印次:2024年12月第1次印刷
印刷:湖北新华印务有限公司	
ISBN 978-7-5625-6091-3	定价:128.00元

如有印装质量问题请与印刷厂联系调换

前言

习近平总书记在党的二十大报告中指出,推动绿色发展,促进人与自然和谐共生。大自然是人类赖以生存发展的基本条件。尊重自然、顺应自然、保护自然,是全面建设社会主义现代化国家的内在要求。党的二十大报告指出,我们要加快发展方式绿色转型,实施全面节约战略,发展绿色低碳产业,倡导绿色消费,推动形成绿色低碳的生产方式和生活方式。提升生态系统多样性、稳定性、持续性,加快实施重要生态系统保护和修复重大工程。在以习近平同志为核心的党中央坚强领导下,我们必须牢固树立和践行绿水青山就是金山银山理念,将人与自然和谐共生的理念贯穿社会发展的全过程和各领域,以更高站位、更宽视野、更大力度谋划和推进新征程生态环境保护工作。

自然资源部高度重视自然资源与生态环境监测工作,先后研究制定并发布了《自然资源调查监测体系构建总体方案》等一系列制度文件,推进国家自然资源管理机制改革、生态文明建设和自然资源中心工作。中国地质调查局先后在全国部署开展了"全国矿山开发状况遥感地质调查与监测""全国矿产资源开发环境遥感监测""全国矿山环境恢复治理状况遥感地质调查与监测"等工作,对全国矿产资源的矿山地质环境现状及变化情况进行持续遥感监测,相关成果已经作为土地矿产卫片执法监督检查、矿山地质环境管护等工作的参考数据,在国家矿产资源管理、监督,以及国土空间生态修复保护等工作中发挥着积极作用。

湖南省位于长江中游,历史悠久,文化底蕴深厚。该省地形地貌丰富多样,东、南、西三面环山,中部丘陵起伏,北部平原展开,共同构成了湖南省独特的自然风貌,并孕育了丰富的自然资源。但这也带来了自然资源监督管理任务的加重,以及矿山生态环境保护的压力。近年来,遥感技术的快速发展,尤其是国产遥感卫星的不断升空,高频率、高质量的海量遥感数据为露天矿山的全方位监测提供了基础保障。

本书是在"中南地区自然资源动态监测与风险评估"(DD20230104)项目基础上编制完成的,所用遥感数据全部为国产卫星影像,包括但不限于 GF1、GF1B、GF1C、GF6、ZY3-02 等卫星数据源,旨在通过遥感技术手段,实现通过对湖南省露天矿山的全方位监测,为政府部门的科学决策、合理规划及有效管理提供科学依据及技术支撑。

书中涉及的各市(州)矿产资源基本情况主要参考该市(州)2021—2025 年矿产资源总体规划,与本书所展示矿产资源类型不完全对应,书中遥感影像涉及的矿产资源类型主要依据湖南省 2023 年露天矿山开发类型的矿业权类型。

本书由杨玉龙负责本底数据的收集、确认及所有工作的统筹汇总,姜华、柳思羽负责材料的搜集整理,并与何文熹、王磊、柳潇、徐宏林、殷宗敏、孙晨、向秀月、刘晴晴、吴佳慧、刘香、殷新宇共同完成图件编制。

由于著者水平有限,书中疏漏与不妥之处,敬请读者指正。

著 者
2024 年 10 月

目 录

- 一、长沙市 …………………………………………………………………………………（2）
- 二、株洲市 …………………………………………………………………………………（9）
- 三、湘潭市 …………………………………………………………………………………（18）
- 四、衡阳市 …………………………………………………………………………………（24）
- 五、邵阳市 …………………………………………………………………………………（38）
- 六、岳阳市 …………………………………………………………………………………（45）
- 七、常德市 …………………………………………………………………………………（52）
- 八、张家界市 ………………………………………………………………………………（63）
- 九、益阳市 …………………………………………………………………………………（69）
- 十、郴州市 …………………………………………………………………………………（77）
- 十一、永州市 ………………………………………………………………………………（98）
- 十二、怀化市 ………………………………………………………………………………（110）
- 十三、娄底市 ………………………………………………………………………………（116）
- 十四、湘西土家族苗族自治州 ……………………………………………………………（134）

湖南省矿产资源丰富，种类多样，矿种比较齐全，优势矿产集中度高、储量较大，有色金属资源量较大，非金属矿产资源优势地位较突出（图0-1）。丰富的矿产资源为湖南省经济的快速增长提供了有利条件，但随着矿产资源开发强度的增大，土地资源的占用与破坏情况也越来越严重，这不仅导致了土地资源的损毁浪费，还破坏了矿山环境，更关键的是引发了一系列的社会和管理问题，反过来制约了矿业经济的健康发展。

党的二十大以来，国家对生态环境保护愈加重视，坚持贯彻绿水青山就是金山银山理念，因此对矿产资源开发提出了更为严格的要求。要求矿产资源开发必须坚持绿色发展理念，必须遵循生态优先、绿色发展的原则，确保资源开发活动与生态环境保护相协调。

开展矿山占地监测，建立本底数据库，是矿产资源监管工作的重要基础保障。本书重点围绕湖南省非金属类矿产露天开采遥感监测内容，展示矿山开发过程中，采场、中转场地、固体废弃物和矿山建筑等对地形地貌的破坏，侵占耕地、林地、草地等土地资源的遥感影像。矿山开发占用与土地资源损毁已成为普遍性的矿山地质环境问题，因此，获取客观、准确的矿山占地本底数据是解决矿山地质环境保护难题与开展矿业用地政策研究的前提条件。

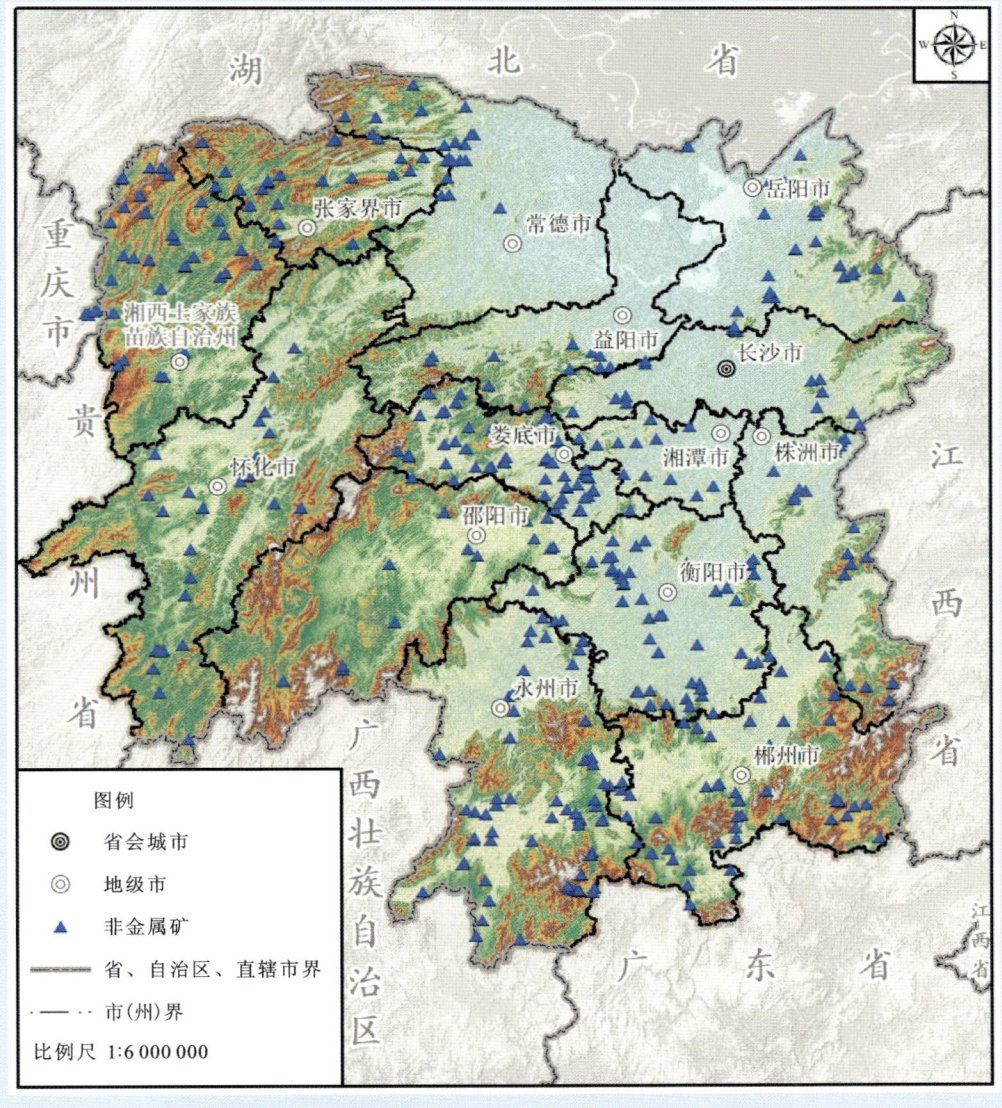

图0-1 湖南省2023年非金属露天矿山分布图

一、长沙市

长沙市位于湘江下游河谷平原,全市辖两市一县六区,分别为浏阳市、宁乡市、长沙县及芙蓉区、天心区、岳麓区、开福区、雨花区、望城区,总面积为 11 816 km²。截至2020年底,全市已发现各类矿产66种,已查明资源储量并纳入矿产资源储量表的有煤、铁、锰、铜、铅、锌、磷等27种,其中能源矿产2种、金属矿产13种、非金属矿产12种。铜、硫铁矿、铼保有资源储量居全省同类矿产之首,钼、玻璃用脉石英、海泡石黏土、重晶石、磷、高岭土、水泥用灰岩、陶瓷土等居全省同类矿产资源储量前列。已发现各类矿产地282处,其中大型3处、中型12处、小型37处、小矿6处。全市矿床规模多为小型,矿产分布相对集中,区域性特征明显。优势矿种为铜矿,特色矿种为菊花石。全市已开发利用煤、金、铜、铅、锌、硫铁矿、磷、水泥用灰岩、建筑石料用砂岩、建筑材料用灰岩、砖瓦用黏土和地下水等矿产42种。

本书涉及的露天矿山地区主要位于宁乡市和浏阳市,涉及矿产有建筑石料用灰岩、砂岩、板岩、石灰岩(包括水泥用灰岩)、砖瓦用页岩及饰面用花岗岩。

监测区域开采水泥用灰岩(图1-1):矿山处于开采中后期,共有5类矿山开发占地类型。采场为典型的台阶式开采,呈浅灰色,带黄色色斑,在影像中表现为密集的阶梯状弧形、环形纹理,边界清晰,采场最底部已自然恢复,另外位于采场东南侧的另一老旧采场也处于自然恢复状态;有两处中转场地,分别是堆放石料区域和选矿区域;采场西北角有一处固体废弃物,为废石堆和剥离的表土堆;矿区道路主要连接两个采场和中转场地。

图1-1 水泥用灰岩矿山开发占地遥感影像

监测区域开采板岩(图1-2):矿山处于开采中后期,共有4类矿山开发占地类型。采场为台阶式开采,总体呈暗灰色,边部常发育阶梯状剥离台阶;采场南部另一老旧采场处于自然恢复状态;采场北部通过矿区道路连接一处中转场地,为选矿区域。

图1-2 板岩矿山开发占地遥感影像

监测区域开采板岩(图 1-3)：矿山正处于开采期，共有 3 类矿山开发占地类型。采场为典型的台阶式开采，边部发育阶梯状剥离台阶，总体呈暗灰色，采面新鲜，内部道路发育，在影像中表现为密集的阶梯状弧形、环形纹理，边界清晰；在采场东南侧有一处中转场地，为选矿区域；采场西北角有一处固体废弃物，为废石堆和剥离的表土堆。

图 1-3　板岩矿山开发占地遥感影像

监测区域开采石灰岩(图 1-4)：矿山处于开采中后期，共有两类矿山开发占地类型。采场为台阶式开采，总体呈暗灰色，夹杂黄色色斑，采场最底部有积水现象；采场北侧有一处中转场地，为堆放石料区域。

图 1-4　石灰岩矿山开发占地遥感影像

监测区域开采建筑石料用灰岩(图1-5)：矿山处于开采中后期，共有两类矿山开发占地类型。采场呈暗黄色，台阶式开采，采场最底部有积水现象；采场西侧有一处矿山建筑，为矿产品生产加工区域。

图 1-5　建筑石料用灰岩矿山开发占地遥感影像

监测区域开采砂岩(图1-6)：矿山处于开采中后期，共有两类矿山开发占地类型。采场为台阶式开采，最底部有积水现象；采场西北角有一处中转场地，用于采场选矿。

图 1-6　砂岩矿山开发占地遥感影像

监测区域开采建筑石料用灰岩(图1-7):矿山正处于开采期,共有4类矿山开发占地类型。采场为典型的台阶式开采,总体呈暗灰色,有部分黄色色斑;采场东南角有一处固体废弃物,为废石堆和剥离的表土堆;采场西南侧有一处矿山建筑,为矿产品生产加工区域;矿区道路主要连接采场和矿山建筑。

图1-7　建筑石料用灰岩矿山开发占地遥感影像

监测区域开采砂岩(图1-8):矿山处于开采中后期,共有两类矿山开发占地类型。采场为台阶式开采,采面整体颜色较暗淡,底部有部分土地平整,采场立面较高位置有零星植被生长;有一处中转场地,为堆放石料区域和搭建有工棚的选矿区域。

图1-8　砂岩矿山开发占地遥感影像

监测区域开采水泥用灰岩（图1-9）：矿山处于开采中期，仅有一类矿山开发占地类型。采场采面新鲜，以灰色和土黄色为主，与周围地物反差较小，具有阶梯状剥离台阶，采矿道路十分发育，采场底部以及西南角有积水。

图1-9　水泥用灰岩矿山开发占地遥感影像

监测区域开采石灰岩（图1-10）：矿山正处于开采期，共有两类矿山开发占地类型。采场在影像中表现为密集的阶梯状弧形、环形纹理，边界清晰，采面较新；北部有一处中转场地，为选矿区域。

图1-10　石灰岩矿山开发占地遥感影像

监测区域开采饰面用花岗岩(图1-11):矿山处于开采初期,仅有一类矿山开发占地类型。采场不具规模,基岩尚未完全裸露,采面表土层居多,总体呈浅黄色,中部颜色为暗褐色。

图1-11　饰面用花岗岩矿山开发占地遥感影像

监测区域开采砖瓦用页岩(图1-12):矿山处于开采初期,共有3类矿山开发占地类型。采场位于矿山东面,采面不具规模;矿山西侧为中转场地,较为平整的灰绿色区域是砖瓦堆放区,中间矩形部分是选矿区域;在采场和中转场地之间有一处矿山建筑,为生产加工区域。

图1-12　砖瓦用页岩矿山开发占地遥感影像

二、株洲市

　　株洲市地处湖南省东部,东与江西接壤,北、西、南分别与长沙市、湘潭市、郴州市相接。全市辖五区三县一市,分别为天元区、芦淞区、荷塘区、石峰区、渌口区、攸县、茶陵县、炎陵县和醴陵市,另设有云龙示范区、株洲经济开发区,总面积为 11 262.20 km²。株洲市矿产资源种类较齐全,截至 2020 年,已发现矿产 44 种(含亚种),探明资源量的矿产 36 种,其中煤、铁、锰、铜、铅、锌等 36 种矿产纳入湖南省矿产资源储量表。煤、铁、锡、铌钽、普通萤石等矿产资源储量居全省 2～5 位。对国民经济发展具有重要意义的支柱性矿产有煤、铁、金、银、铜、铅、锌 7 种。株洲市能源矿产以煤为主,煤在株洲市能源矿产构成中占主要地位。株洲市黑色金属矿产以铁矿为主,该市也是湖南省主要铁矿产地。有色金属矿产有钨矿、铅锌矿、铜矿等。非金属矿以高岭土矿和水泥用灰岩矿为主,高岭土矿矿区主要分布于醴陵市马颈坳—八步桥等地;水泥用灰岩矿矿区主要分布于渌口区谭家冲、攸县鸾山镇、荷塘区马家桥等地。

　　本书涉及露天矿山的地区主要为茶陵县、醴陵市、荷塘区、炎陵县、攸县及芦淞区,涉及矿产资源有长石、玻璃用石英岩、玻璃用砂岩、水泥用灰岩、建筑用砂岩、页岩、板岩、花岗岩、建筑石料用灰岩、石灰岩、硅灰石、建筑用凝灰岩、建筑用花岗石、高岭土等。

监测区域开采水泥用灰岩(图 2-1):矿山处于开采中后期,共有 4 类矿山开发占地类型。采场为典型的台阶式开采,在影像中表现为密集的阶梯状弧形、环形纹理,边界清晰;采场东侧有一部分处于自然恢复状态;采场西南角有一处中转场地,为堆放石料区域和选矿区域;矿区道路主要连接采场和中转场地。

图 2-1　水泥用灰岩矿山开发占地遥感影像

监测区域开采建筑用花岗石(图 2-2):矿山处于开采中期,共有两类矿山开发占地类型。采场为台阶式开采,总体呈亮黄色;采场东北侧有一处矿山建筑,为矿产品生产加工区域。

图 2-2　建筑用花岗石矿山开发占地遥感影像

监测区域开采建筑用凝灰岩(图2-3):矿山正处于开采期,仅有一类矿山开发占地类型。采场为典型的台阶式开采,在影像中表现为密集的阶梯状弧形、环形纹理,边界清晰,总体呈亮灰色,交替浅黄色,采面新鲜。

图2-3 建筑用凝灰岩矿山开发占地遥感影像

监测区域开采硅灰石(图2-4):矿山正处于开采期,仅有一类矿山开发占地类型。3处采场均为典型的台阶式开采,较为分散,在影像中表现为密集的阶梯状弧形、环形纹理,边界清晰。

图2-4 硅灰石矿山开发占地遥感影像

监测区域开采长石(图 2-5)：矿山正处于开采期，共有 3 类矿山开发占地类型。采场为台阶式开采，有两处，分别位于东南侧和西南侧；采场北侧有两处中转场地，分别为堆放石料区域和选矿区域；采场西南角有一处固体废弃物堆场，为废石堆和剥离的表土堆。

图 2-5　长石矿山开发占地遥感影像

监测区域开采石灰岩(图 2-6)：矿山正处于开采期，共有 3 类矿山开发占地类型。采场为典型的台阶式开采，采面呈暗灰色，带黄色色斑，采面新鲜，内部道路十分发育；有一处中转场地，为堆放石料区域和选矿区域；采场东北侧有矿区道路，主要连接采场和中转场地。

图 2-6　石灰岩矿山开发占地遥感影像

监测区域开采高岭土（图 2-7）：矿山正处于开采期，共有两类矿山开发占地类型。采场为台阶式开采；在采场东侧有一处中转场地，为堆放石料区域和选矿区域。

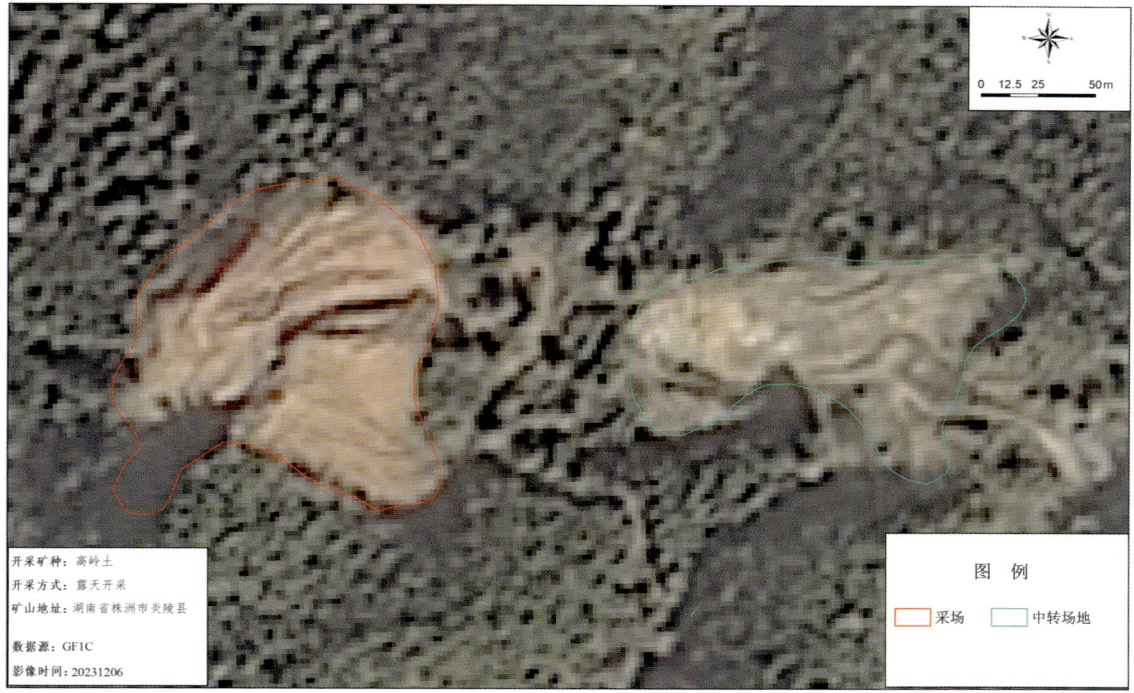

图 2-7　高岭土矿山开发占地遥感影像

监测区域开采建筑石料用灰岩（图 2-8）：矿山正处于开采期，共有 3 类矿山开发占地类型。采场为典型的台阶式开采，呈暗灰色，采面新鲜；采场东侧有一处固体废弃物，为废石堆和剥离的表土堆；采场西南角有一处矿山建筑，为矿产品生产加工区域。

图 2-8　建筑石料用灰岩矿山开发占地遥感影像

监测区域开采玻璃用石英岩(图2-9)：矿山处于开采中期，共有3类矿山开发占地类型。采场自上而下分层开采，有两处采场，通过矿区道路连接，采面呈浅黄色，带暗色色斑；采场北侧有一处固体废弃物，为废石堆和剥离的表土堆。

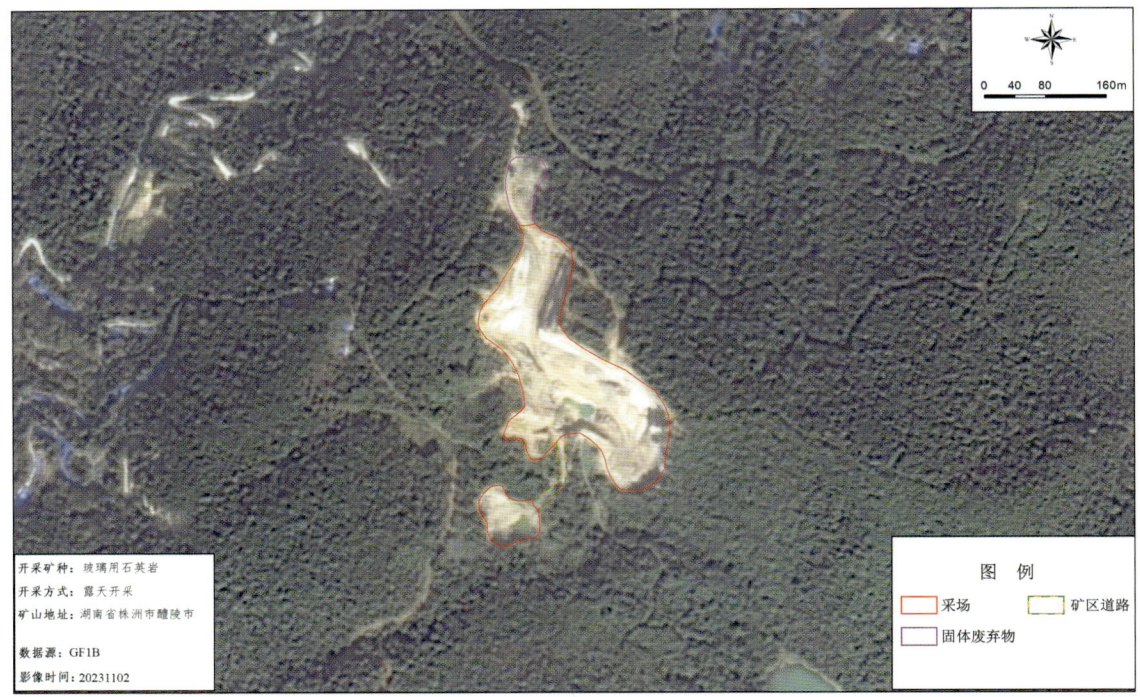

图2-9　玻璃用石英岩矿山开发占地遥感影像

监测区域开采玻璃用砂岩(图2-10)：矿山正处于开采期，共有两类矿山开发占地类型。采场自上而下分层开采，采面呈橘黄色，采面新鲜；采场东南角有矿区道路与外界相连。

图2-10　玻璃用砂岩矿山开发占地遥感影像

监测区域开采建筑石料用灰岩(图 2-11):矿山处于开采中期,共有 4 类矿山开发占地类型。采场为典型的台阶式开采,在影像中表现为密集的阶梯状弧形、环形纹理,边界清晰,采面北部呈浅黄色,南部为暗灰色;采场北侧有一处固体废弃物,为废石堆和剥离的表土堆;采场西南角有一处矿山建筑,为矿产品生产加工区域;矿区道路主要连接采场和固体废弃物。

图 2-11　建筑石料用灰岩矿山开发占地遥感影像

监测区域开采花岗岩(图 2-12):矿山处于开采中后期,共有 3 类矿山开发占地类型。采场为台阶式开采,在影像中表现为密集的阶梯状弧形、环形纹理,边界清晰,呈暗灰色,带暗黄色色斑,采场北部部分已自然恢复;有一处中转场地,为堆放石料区域和选矿区域。

图 2-12　花岗岩矿山开发占地遥感影像

监测区域开采板岩(图 2-13):矿山正处于开采期,共有 3 类矿山开发占地类型。采场为典型的台阶式开采,在影像中表现为密集的阶梯状弧形、环形纹理,边界清晰,采面呈暗灰色,采场底部有积水;采场东南侧有一处中转场地,包含堆放石料区域和选矿区域;采场西北至西南侧为带状弧形固体废弃物区域,堆放废石和剥离的表土。

图 2-13　板岩矿山开发占地遥感影像

监测区域开采页岩(图 2-14):矿山处于开采中期,共有 3 类矿山开发占地类型。采场为典型的台阶式开采,在影像中表现为密集的阶梯状弧形、环形纹理,边界清晰,采面新鲜,呈暗灰色,带褐色色斑;有两处中转场地,分别是西侧的堆放石料区域和北侧的选矿区域;紧挨采场西面的一处矿山建筑,是该矿山主要的生产加工区域。

图 2-14　页岩矿山开发占地遥感影像

监测区域开采建筑用砂岩(图 2-15):矿山正处于开采期,共有两类矿山开发占地类型。采场为典型的台阶式开采,在影像中表现为密集的阶梯状弧形、环形纹理,边界清晰,采面新鲜,呈亮黄色,带褐色色斑;有一处中转场地,为堆放石料区域和选矿区域,位于采场东北侧。

图 2-15 建筑用砂岩矿山开发占地遥感影像

三、湘潭市

　　湘潭市地处湖南省中东部,与长沙、株洲构成经济三角区,全市辖2个区、1个县,代管2个县级市,分别是雨湖区、岳塘区、湘潭县、湘乡市、韶山市,总面积为5006km²。截至2020年,湘潭市已发现矿产38种(计亚种45个),其中探明储量的矿产有20种(含亚种,不包含砂石土矿),均已纳入湖南省矿产资源储量平衡表。已发现的38种矿产中,除煤、锰、铁、铜、铅、锌6种外,其余32种均为非金属矿产。湘潭市矿产资源具有富矿少,贫矿多,规模小,上储量表矿种少,但储量集中等特点。湘潭市优势和特色矿种为冶金用白云岩、锰以及海泡石黏土。已探明的矿产资源中,煤、锰、石膏、冶金用白云岩等开发利用程度较高;矿泉水、地下水、水泥用灰岩、冶金用白云岩、饰面用花岗岩、海泡石黏土、铸型用砂岩等矿产资源较充足,潜在价值较大。

　　本书涉及露天矿山的地区主要为湘潭县和湘乡市,涉及矿产有玻璃用砂岩、建筑用砂、水泥用灰岩、花岗岩、石灰岩、页岩、建筑石料用灰岩、高岭土等。

监测区域开采石灰岩(图 3-1)：矿山处于开采中期，共有 4 类矿山开发占地类型。采场为典型的台阶式开采，在影像中表现为密集的阶梯状弧形、环形纹理，边界清晰，采面呈褐色，底部有积水现象，内部道路发育；采场北侧有两处中转场地，分别为堆放石料区域和选矿区域；采场西南侧有一处固体废弃物，为废石堆和剥离的表土堆；矿区道路主要连接两处中转场地和采场。

图 3-1　石灰岩矿山开发占地遥感影像

监测区域开采玻璃用砂岩(图 3-2)：矿山处于开采中期，共有 3 类矿山开发占地类型。采场自上而下分层开采，采面呈浅灰色；采场东南角有一处中转场地，为堆放石料区域和选矿区域；采场东北角有一处矿山建筑，为矿产品生产区域。

图 3-2　玻璃用砂岩矿山开发占地遥感影像

监测区域开采建筑用砂(图 3-3)：矿山正处于开采期，共有 5 类矿山开发占地类型。采场为典型的台阶式开采，在影像中表现为密集的阶梯状弧形、环形纹理，边界清晰，采面呈浅灰色；采场西南侧有一处中转场地，为堆放石料区域和选矿区域；采场南侧有一处尾矿库；采场东南侧有一处矿山建筑，为办公区域和矿产品加工区域；矿区道路主要连接采场和中转场地。

图 3-3　建筑用砂矿山开发占地遥感影像

监测区域开采高岭土(图 3-4)：矿山正处于开采期，共有两类矿山开发占地类型。采场为台阶式开采，有两处采场，呈亮黄色，右侧采场有植被恢复迹象；右侧采场东北角有一处固体废弃物，为废石堆和剥离的表土堆。

图 3-4　高岭土矿山开发占地遥感影像

监测区域开采建筑石料用灰岩(图3-5):矿山处于开采中期,共有3类矿山开发占地类型。采场为典型的台阶式开采,在影像中表现为密集的阶梯状弧形、环形纹理,边界清晰,采面呈暗灰色,底部有积水现象;采场东北侧有一处矿山建筑,为矿产品生产加工区域;矿区道路主要连接采场和矿山建筑。

图3-5　建筑石料用灰岩矿山开发占地遥感影像

监测区域开采水泥用灰岩(图3-6):矿山处于开采中期,共有3类矿山开发占地类型。采场为典型的台阶式开采,在影像中表现为密集的阶梯状弧形、环形纹理,边界清晰,采面新鲜,呈暗灰色;采场西南侧有一片矿山建筑,为矿产品的生产加工区域;矿区道路主要连接采场和矿山建筑。

图3-6　水泥用灰岩矿山开发占地遥感影像

监测区域开采页岩(图3-7):矿山处于开采中期,共有4类矿山开发占地类型。采场为典型的台阶式开采,在影像中表现为密集的阶梯状弧形、环形纹理,边界清晰;采场东北侧有两处中转场地,用于堆放石料;两处中转场地之间有一处矿山建筑,用于矿区生产作业;东北角有一处固体废弃物,为废石堆和剥离的表土堆。

图3-7 页岩矿山开发占地遥感影像

监测区域开采石灰岩(图3-8):矿山处于开采中期,共有两类矿山开发占地类型。采场为典型的台阶式开采,在影像中表现为密集的阶梯状弧形、环形纹理,边界清晰,采面新鲜,呈暗黄色,内部道路发育;采场南侧有一处中转场地,为堆放石料区域和选矿区域。

图3-8 石灰岩矿山开发占地遥感影像

监测区域开采建筑用砂(图 3-9)：矿山处于开采中期，共有两类矿山开发占地类型。采场呈浅黄色；采场西北侧有一处中转场地，为堆放石料区域和选矿区域。

图 3-9　建筑用砂矿山开发占地遥感影像

监测区域开采花岗岩(图 3-10)：矿山处于开采中期，共有 3 类矿山开发占地类型。采场为典型的台阶式开采，在影像中表现为密集的阶梯状弧形、环形纹理，边界清晰，采面新鲜，呈亮灰色，采场底部有积水现象；采场北侧有一处中转场地，为选矿区域和堆放石料区域；采场东南侧有一处固体废弃物，为废石堆和剥离的表土堆。

图 3-10　花岗岩矿山开发占地遥感影像

四、衡阳市

衡阳市位于湖南省中南部,全市辖5个区、5个县,代管2个县级市,分别是雁峰区、石鼓区、珠晖区、蒸湘区、南岳区、衡阳县、衡南县、衡山县、衡东县、祁东县及耒阳市、常宁市,总面积达15 299.18 km^2。衡阳市成矿地质条件良好,矿产资源种类多,资源储量丰富。截至2020年底,已发现矿产69种(79亚种),其中,查明部分资源储量的矿产54种(63亚种),已列入湖南省矿产资源储量平衡表的矿产有43种(45亚种)。钠长石资源储量为5 078.30万t,位居全国第一(市级别),钠长石、铁矿、芒硝、盐矿、硼矿、硅灰石矿资源储量位居全省第一,钨矿、锡矿、铁矿、钴矿、银矿、重晶石矿资源储量位居全省第二,煤炭、铜矿、汞矿、铍矿、高岭土矿、普通萤石矿资源储量位居全省第三。

矿产资源分布具有明显的分带性和区域性:煤矿主要分布在耒阳市、常宁市一带;有色金属矿、贵金属矿主要分布在常宁市水口山—松柏和大义山一带,特色矿种有位于"世界铅都"水口山的铅锌矿、湖南省资源最丰富的砂锡矿等;铁矿主要分布在祁东县、衡阳县一带,主要为祁东铁矿田;岩盐、钙芒硝等非金属矿产主要分布在衡阳市城区及周边县市;钠长石矿、高岭土矿主要分布在衡山县、衡阳县一带,其中马迹钠长石矿区钠长石储量居全国之首。

本书涉及露天矿山的地区主要为衡东县、常宁市、耒阳市、祁东县、衡山县、衡南县和衡阳县,涉及矿产有水泥用灰岩、建筑石料用灰岩、建筑用白云岩、砖瓦用页岩、石英岩、花岗岩、饰面用花岗岩、建筑用砂岩、陶瓷土、石灰岩、高岭土、长石等。

监测区域开采高岭土（图 4-1）：矿山处于开采中期，共有 4 类矿山开发占地类型。采场为典型的台阶式开采，在影像中表现为密集的阶梯状弧形、环形纹理，边界清晰，采面新鲜，呈亮灰色，内部道路发育；采场西侧有一处中转场地，为选矿区域和堆放石料区域；采场西南侧有一处固体废弃物，为废石堆和剥离的表土堆；矿区道路用于连接采场和中转场地。

图 4-1　高岭土矿山开发占地遥感影像

监测区域开采长石（图 4-2）：矿山处于开采中后期，共有 4 类矿山开发占地类型。采场为典型的台阶式开采，在影像中表现为密集的阶梯状弧形、环形纹理，边界清晰，采面呈浅黄色，四周带暗灰色，采场西北部处于自然恢复状态；采场西南侧有一处中转场地，为选矿区域和堆放石料区域；矿区道路用于连接采场和中转场地。

图 4-2　长石矿山开发占地遥感影像

监测区域开采建筑石料用灰岩(图4-3);矿山处于开采中后期,仅有一类矿山开发占地类型。采场南部呈浅灰色,采面新鲜,北部呈暗黄色,内部道路发育。

图4-3　建筑石料用灰岩矿山开发占地遥感影像

监测区域开采陶瓷土(图4-4);矿山处于开采中期,共有3类矿山开发占地类型。采场为典型的台阶式开采,在影像中表现为密集的阶梯状弧形、环形纹理,边界清晰,有两处采场,呈暗灰色;采场东侧有一处固体废弃物,为废石堆和剥离的表土堆;矿区道路用于连接两处采场和固体废弃物。

图4-4　陶瓷土矿山开发占地遥感影像

监测区域开采建筑石料用灰岩(图4-5):矿山处于开采中期,共有5类矿山开发占地类型。采场呈浅灰色,采面新鲜,内部道路十分发育,东北部有积水现象;采场西侧和西北侧有两处中转场地,分别为选矿区域和堆放石料区域;采场西南侧、东南角,以及北部有3处固体废弃物,为废石堆和剥离的表土堆;矿区道路用于连接采场和中转场地;矿山建筑位于矿区西部堆放石料区的北侧,红顶和蓝顶的房屋为办公区域。

图 4-5　建筑石料用灰岩矿山开发占地遥感影像

监测区域开采石灰岩(图4-6):矿山处于开采中期,共有两类矿山开发占地类型。采场为典型的台阶式开采,在影像中表现为密集的阶梯状弧形、环形纹理,边界清晰,有3处分散采场,采面新鲜,呈暗灰色;最东部采场两侧有两处固体废弃物,为废石堆和剥离的表土堆。

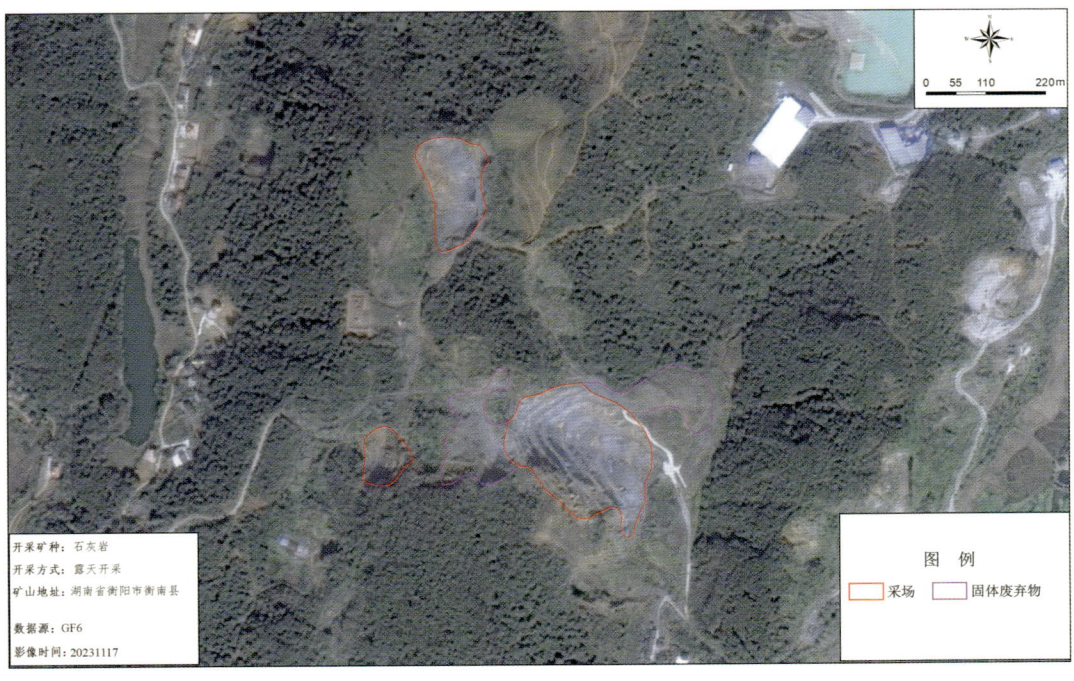

图 4-6　石灰岩矿山开发占地遥感影像

监测区域开采砖瓦用页岩(图 4-7):矿山处于开采中期,共有 3 类矿山开发占地类型。采场为台阶式开采,呈暗黄色;采场东北侧有一处中转场地,为选矿区域和堆放石料区域;采场北侧有一处矿山建筑,主要由 3 栋较大建筑组成,用于矿区生产作业。

图 4-7　砖瓦用页岩矿山开发占地遥感影像

监测区域开采建筑石料用灰岩(图 4-8):矿山处于开采中期,共有 3 类矿山开发占地类型。采场为典型的台阶式开采,在影像中表现为密集的阶梯状弧形、环形纹理,边界清晰,采面呈暗灰色;采场西北侧有一处中转场地,为选矿区域和堆放石料区域;采场北部有一处固体废弃物,为剥离的表土堆。

图 4-8　建筑石料用灰岩矿山开发占地遥感影像

监测区域开采砖瓦用页岩（图4-9）：矿山处于开采中期，共有3类矿山开发占地类型。采场呈暗黄色，内部地貌破坏明显；采场北侧有一处中转场地，为堆放石料区域；采场东侧有一处矿山建筑，其中较大型建筑用于生产作业，小型建筑为办公区域。

图4-9 砖瓦用页岩矿山开发占地遥感影像

监测区域开采饰面用花岗岩（图4-10）：矿山处于开采中期，共有3类矿山开发占地类型。采场为典型的台阶式开采，在影像中表现为密集的阶梯状弧形、环形纹理，边界清晰，南、北两侧有两处采场；南侧采场北部有一处中转场地，为堆放石料区域；南侧采场西部和北侧采场北部有两处固体废弃物，为废石堆和剥离的表土堆。

图4-10 饰面用花岗岩矿山开发占地遥感影像

监测区域开采砖瓦用页岩(图4-11):矿山处于开采中期,共有两类矿山开发占地类型。采场为典型的台阶式开采,在影像中表现为密集的阶梯状弧形、环形纹理,边界清晰,采面呈暗黄色;采场东北侧有一处矿山建筑,主要用于矿区生产作业。

图 4-11 砖瓦用页岩矿山开发占地遥感影像

监测区域开采建筑石料用灰岩(图4-12):矿山处于开采中期,共有5类矿山开发占地类型。采场为典型的台阶式开采,在影像中表现为密集的阶梯状弧形、环形纹理,边界清晰,采面新鲜,呈亮灰色,带黄色色斑;采场东面直线距离约400m处为中转场地,为选矿区域和堆放石料区域;中转场地西侧有一处矿山建筑,为矿产品加工区域;采场西北侧有一处固体废弃物,为废石堆和剥离的表土堆;矿区道路用于连接采场和中转场地。

图 4-12 建筑石料用灰岩矿山开发占地遥感影像

监测区域开采花岗岩(图 4-13):矿山处于开采中期,共有两类矿山开发占地类型。采场呈暗灰色,内部无植被发育,基岩裸露;采场东、西两侧各有一处固体废弃物,为废石堆和剥离的表土堆。

图 4-13　花岗岩矿山开发占地遥感影像

监测区域开采石英岩(图 4-14):矿山处于开采中期,共有 4 类矿山开发占地类型。采场为典型的台阶式开采,呈浅黄色,带暗色色斑,在影像中表现为密集的阶梯状弧形、环形纹理,边界清晰;采场最北侧有一处中转场地,为选矿区域和堆放石料区域;北侧在采场和中转场地之间有两处矿山建筑,西侧小型建筑区域主要用于办公,东侧大型建筑为矿产品生产加工区域;矿区道路用于连接采场和矿山建筑。

图 4-14　石英岩矿山开发占地遥感影像

监测区域开采建筑用砂岩(图4-15):矿山处于开采中期,共有3类矿山开发占地类型。采场为台阶式开采,采面新鲜,中间基岩呈青灰色,四周为亮黄色表土色,在影像中表现为密集的阶梯状弧形、环形纹理,边界清晰;采场东侧有两处中转场地,为选矿区域和堆放石料区域;采场北侧有一处固体废弃物,为废石堆和剥离的表土堆。

图4-15 建筑用砂岩矿山开发占地遥感影像

监测区域开采水泥用灰岩(图4-16):矿山处于开采中后期,共有5类矿山开发占地类型。采场为典型的台阶式开采,呈亮灰色,带黄色色斑,在影像中表现为密集的阶梯状弧形、环形纹理,边界清晰,采场东、西侧开采区已自然恢复;采场北侧有两处中转场地,为选矿区域和堆放石料区域;采场西南侧有一处固体废弃物,为废石堆和剥离的表土堆;矿区道路用于连接采场和两处中转场地。

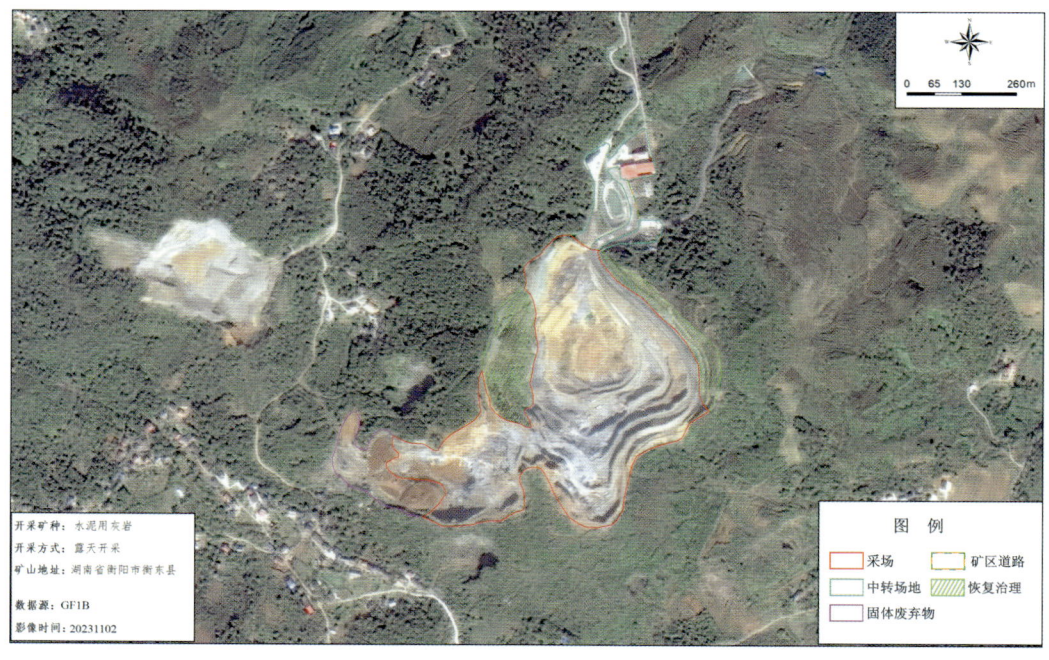

图4-16 水泥用灰岩矿山开发占地遥感影像

监测区域开采砖瓦用页岩(图4-17)：矿山处于开采中期，共有3类矿山开发占地类型。采场呈暗黄色，内部无植被发育，采场面积较小；采场东侧有一处中转场地，为选矿区域和堆放石料区域；南侧为矿山建筑区域，由多栋建筑物组成，主要用于矿区生产作业。

图 4-17　砖瓦用页岩矿山开发占地遥感影像

监测区域开采建筑石料用灰岩(图4-18)：矿山处于开采中期，共有3类矿山开发占地类型。采场为典型的台阶式开采，采面新鲜，基岩裸露，大部分呈青灰色，南部带亮黄色，底部有积水现象，在影像中表现为密集的阶梯状弧形、环形纹理，边界清晰；采场北侧有两处中转场地，为选矿区域和堆放石料区域；采场东南侧有一处固体废弃物，为废石堆和剥离的表土堆。

图 4-18　建筑石料用灰岩矿山开发占地遥感影像

监测区域开采建筑石料用灰岩（图4-19）：矿山处于开采中期，共有两类矿山开发占地类型。采场为台阶式开采，呈浅灰色，带黄色色斑，内部基岩裸露，无植被发育；采场西北侧有一处固体废弃物，为废石堆和剥离的表土堆。

图4-19　建筑石料用灰岩矿山开发占地遥感影像

监测区域开采建筑石料用灰岩（图4-20）：矿山处于开采中期，仅有一类矿山开发占地类型。采场为典型的台阶式开采，在影像中表现为密集的阶梯状弧形、环形纹理，边界清晰，呈暗黄色，采场内部道路发育，植被破坏严重。

图4-20　建筑石料用灰岩矿山开发占地遥感影像

监测区域开采建筑石料用灰岩(图 4-21):矿山处于开采中期,共有 3 类矿山开发占地类型。采场为典型的台阶式开采,在影像中表现为密集的阶梯状弧形、环形纹理,边界清晰,呈暗黄色,内部无植被发育;采场西南侧有一处中转场地,为选矿区域和堆放石料区域;采场西侧有一处固体废弃物,为废石堆和剥离的表土堆。

图 4-21　建筑石料用灰岩矿山开发占地遥感影像

监测区域开采建筑石料用灰岩(图 4-22):矿山已停止开采,共有两类矿山开发占地类型。采场已恢复治理,采坑有积水,采面台阶已平整处理;采场西北侧有一处中转场地,为选矿区域和堆放石料区域,处于恢复期。

图 4-22　建筑石料用灰岩矿山开发占地遥感影像

监测区域开采建筑石料用灰岩(图4-23):矿山处于开采中期,共有3类矿山开发占地类型。采场呈浅黄色,北部为灰色,内部活动较少,采面已可见自然恢复色斑;采场北侧有一处中转场地,为选矿区域和堆放石料区域;矿区道路用于连接采场和中转场地。

图4-23　建筑石料用灰岩矿山开发占地遥感影像

监测区域开采建筑用白云岩(图4-24):矿山处于开采中后期,共有3类矿山开发占地类型。采场主体目前在矿区西南侧呈带状近南北走向,呈暗黄色;恢复治理的区域为原典型的台阶式开采区域,在影像中可见底部采坑,开采平台已平整覆土,且底部采坑有植被生长;在矿区东侧有一处中转场地,为堆放石料区域。

图4-24　建筑用白云岩矿山开发占地遥感影像

监测区域开采建筑石料用灰岩（图 4-25）：矿山处于开采中期，共有两类矿山开发占地类型。采场为典型的台阶式开采，在影像中表现为密集的阶梯状弧形、环形纹理，边界清晰，内部呈青灰色，采场中心呈暗黄色；采场东北侧有一处中转场地，为选矿区域和堆放石料区域。

图 4-25　建筑石料用灰岩矿山开发占地遥感影像

五、邵阳市

邵阳市位于湘中偏西南，辖3个市辖区、7个县（其中1个自治县），代管2个县级市，分别是大祥区、双清区、北塔区、新邵县、隆回县、洞口县、绥宁县、新宁县、邵阳县、城步苗族自治县、邵东市、武冈市，总面积为20 824.37 km²。邵阳市矿产资源丰富，在全省占有重要地位。截至2020年底，全市已发现矿产资源88种（94亚种），探明资源储量的有27种（28亚种）。饰面用辉长岩、滑石、铁、石膏、锰、金、钨、锑、煤等矿产保有资源量在全省排1～5位。

邵阳市地处雪峰弧及湘中坳陷两大地质构造单元接合部，矿床（点）分布受构造控制。矿产资源丰富，种类多，涉及能源矿产、黑色金属矿产、有色金属矿产、稀有稀散及贵金属矿产、非金属矿产和水气矿产六大类。矿产分布不均衡，煤、锰、金、锑等矿产资源往往集中分布，主要的金属矿集区有新邵县龙山锑金矿集区、白云铺铅锌金矿集区、新宁县高挂山锑矿集区和洞口崇阳坪铜钨矿集区。主要典型矿床类型有高家坳卡林型金矿、江口式铁矿、新宁清江桥铁金矿、洞口"湘潭式"锰矿等。非金属矿产因盆地内广泛分布的碳酸盐岩资源而久负盛名，形成了以南方水泥、云峰水泥及为百水泥为龙头的六大水泥产业基地。全市矿产资源禀赋总体具有小矿多，大矿少，共伴生矿产多，单一矿产少，难选冶贫矿多，富矿少，探明资源储量分布相对集中，资源潜力较大等特点。

本书涉及露天矿山的地区主要有新邵县、隆回县、邵阳县、城步苗族自治县、新宁县、邵东市和武冈市，涉及矿产有饰面用大理石、饰面用花岗岩、水泥用灰岩、建筑石料用灰岩、建筑用砂、砖瓦用页岩、石灰岩、水泥配料用砂岩等。

监测区域开采饰面用花岗岩(图 5-1)：矿山处于开采中期，共有 4 类矿山开发占地类型。采场为典型的台阶式开采，在影像中表现为密集的阶梯状弧形、环形纹理，边界清晰，内部呈亮灰色，采面新鲜，基岩裸露；采场东北侧有一处中转场地，为选矿区域和堆放石料区域；采场北侧有一处固体废弃物，东南侧也有一处固体废弃物，为废石堆和剥离的表土堆；矿区道路用于连接采场、中转场地，以及固体废弃物。

图 5-1　饰面用花岗岩矿山开发占地遥感影像

监测区域开采石灰岩(图 5-2)：矿山处于开采中期，共有 3 类矿山开发占地类型。采场为台阶式开采，内部为暗灰色，道路十分发育；采场南侧有一处中转场地，为选矿区域和堆放石料区域；采场西侧有一处固体废弃物，为废石堆和剥离的表土堆。

图 5-2　石灰岩矿山开发占地遥感影像

监测区域开采建筑石料用灰岩(图 5-3):矿山处于开采中后期,共有 4 类矿山开发占地类型。采场为典型的台阶式开采,呈暗灰色,带黄色色斑,在影像中表现为密集的阶梯状弧形、环形纹理,边界清晰,底部绿色植被发育,采场活动较少;采场西南侧有一处中转场地,为选矿区域和堆放石料区域;采场西北侧和东南侧各有一处固体废弃物,为废石堆和剥离的表土堆;矿区道路用于连接采场和中转场地。

图 5-3　建筑石料用灰岩矿山开发占地遥感影像

监测区域开采饰面用大理石(图 5-4):矿山处于开采中后期,共有两类矿山开发占地类型。采场呈浅白色,内部带暗色色斑,采面活动较少;采场西侧有一处固体废弃物,为废石堆和剥离的表土堆。

图 5-4　饰面用大理石矿山开发占地遥感影像

监测区域开采水泥用灰岩(图5-5)：矿山处于开采中后期，共有两类矿山开发占地类型。采场为台阶式开采，呈青灰色，带黄色色斑，内部矿区道路发育，采面新鲜；采场东南侧开采区已自然恢复。

图 5-5　水泥用灰岩矿山开发占地遥感影像

监测区域开采建筑石料用灰岩(图5-6)：矿山处于开采中期，共有3类矿山开发占地类型。采场为台阶式开采，呈青灰色，带黄色色斑，内部植被破坏严重，基岩裸露；采场东北侧有一处中转场地，为选矿区域和堆放石料区域；采场西侧和东南侧有两处固体废弃物，为废石堆和剥离的表土堆。

图 5-6　建筑石料用灰岩矿山开发占地遥感影像

监测区域开采石灰岩(图5-7):矿山正处于开采期,共有两类矿山开发占地类型。采场为典型的台阶式开采,呈暗黄色,带暗色色斑,在影像中表现为密集的阶梯状弧形、环形纹理,边界清晰;采场南侧有一处中转场地,为选矿区域和堆放石料区域。

图 5-7　石灰岩矿山开发占地遥感影像

监测区域开采砖瓦用页岩(图5-8):矿山正处于开采期,共有3类矿山开发占地类型。采场为台阶式开采,呈亮灰色,西南部为亮黄色,采面新鲜,内部无植被发育;采场东南侧有一处中转场地,用作选矿区域和堆放石料区域;矿区道路用于连接采场和中转场地。

图 5-8　砖瓦用页岩矿山开发占地遥感影像

监测区域开采建筑用砂(图 5-9):矿山处于开采中后期,共有两类矿山开发占地类型。采场为台阶式开采,呈暗黄色,内部道路发育,有植被恢复迹象;采场北侧有一处中转场地,为选矿区域和堆放石料区域。

图 5-9　建筑用砂矿山开发占地遥感影像

监测区域开采建筑石料用灰岩(图 5-10):矿山处于开采中期,共有 3 类矿山开发占地类型。采场为台阶式开采,呈浅黄色,内部矿山道路十分发育,基岩裸露;采场西南侧有一处中转场地,为选矿区域和堆放石料区域;采场北侧有一处固体废弃物,为废石堆和剥离的表土堆。

图 5-10　建筑石料用灰岩矿山开发占地遥感影像

监测区域开采水泥配料用砂岩(图5-11):矿山正处于开采期,共有3类矿山开发占地类型。采场为台阶式开采,呈暗黄色,内部无植被发育,在影像中表现为阶梯状弧形、环形纹理,边界清晰;采场东北侧有一处中转场地,为选矿区域和堆放石料区域;矿区道路用于连接采场和中转场地。

图 5-11　水泥配料用砂岩矿山开发占地遥感影像

六、岳阳市

岳阳市位于长江中游南岸，湖南省东北部，辖岳阳楼区、云溪区、君山区3个区，岳阳县、华容县、湘阴县、平江县4个县，代管汨罗市、临湘市2个县级市，设有国家级岳阳经济技术开发区、城陵矶临港产业新区、南湖新区和屈原管理区4个功能区，总面积为15 087 km²。岳阳市成矿地质条件优越，矿产资源丰富。位于扬子准地台南缘，江南地轴中部，处于扬子板块与华南板块的汇聚碰撞带，为湖南省重要的金、铜、铅、锌、钴、锂、铌、钽等多金属富集区。截至2020年底，全市已发现各类矿产地200余处；已发现矿产59种（含亚种），列入湖南省矿产资源储量表的矿产有38种；现有37个矿区列入湖南省矿产资源储量表，其中大型矿床15处、中型矿床7处、小型矿床15处。

全市已开发利用铜、铅、锌、金、铌、钽、普通萤石、长石、水泥用灰岩、高岭土、饰面用花岗岩等23种矿产。全市矿业体系比较完整，探、采、选、冶炼、矿产品加工发展较全面，金矿开发、陶瓷加工等已成为平江县、岳阳县的支柱性产业。

本书涉及露天矿山的地区主要有岳阳县、平江县、临湘市、华容县、汨罗市和云溪区，涉及矿产有长石、白云岩、饰面用花岗岩、制灰用灰岩、建筑用花岗石、板岩等。

监测区域开采白云岩(图 6-1):矿山处于开采中后期,共有 6 类矿山开发占地类型。采场为典型的台阶式开采,呈亮灰色,带黄色色斑,在影像中表现为密集的阶梯状弧形、环形纹理,边界清晰,采场最底部有积水现象;采场四周分布 5 处中转场地,为选矿区域和堆放石料区域;采场东北侧有一处固体废弃物,为废石堆和剥离的表土堆;采场北部有两处矿山建筑,为矿产品生产加工区域;采场东侧有一处尾矿库,库内有浅黄色堆积物及淡绿色水体。

图 6-1　白云岩矿山开发占地遥感影像

监测区域开采板岩(图 6-2):矿山已停止开采,仅有一类矿山开发占地类型。采场为台阶式开采,开采区已开始自然恢复。

图 6-2　板岩矿山开发占地遥感影像

监测区域开采饰面用花岗岩(图 6-3):矿山处于开采中期,共有 4 类矿山开发占地类型。采场呈浅灰色,采面内部平缓,基岩裸露,无植被发育;采场西南侧有一处中转场地,为堆放石料区域;采场北侧有一处固体废弃物,为废石堆和剥离的表土堆;矿区道路用于连接采场和中转场地。

图 6-3　饰面用花岗岩矿山开发占地遥感影像

监测区域开采饰面用花岗岩(图 6-4):矿山处于开采中后期,共有两类矿山开发占地类型。采场呈浅灰色,内部无植被发育,采面不规则;采场西南部有一处中转场地,为选矿区域和堆放石料区域。

图 6-4　饰面用花岗岩矿山开发占地遥感影像

监测区域开采长石(图6-5):矿山处于开采中后期,共有两类矿山开发占地类型。采场呈亮黄色,采面无规则,中部采面较新鲜;采场北侧有一处中转场地,为堆放石料区域。

图6-5 长石矿山开发占地遥感影像

监测区域开采板岩(图6-6):矿山处于开采中后期,共有两类矿山开发占地类型。采场为典型的台阶式开采,影像中采场大部分区域由于地形高差及太阳角度被阴影遮盖,但仍可见采场西南侧密集的阶梯状弧形、环形纹理,采场最底部有积水;采场北侧有一处中转场地,为选矿区域和堆放石料区域。

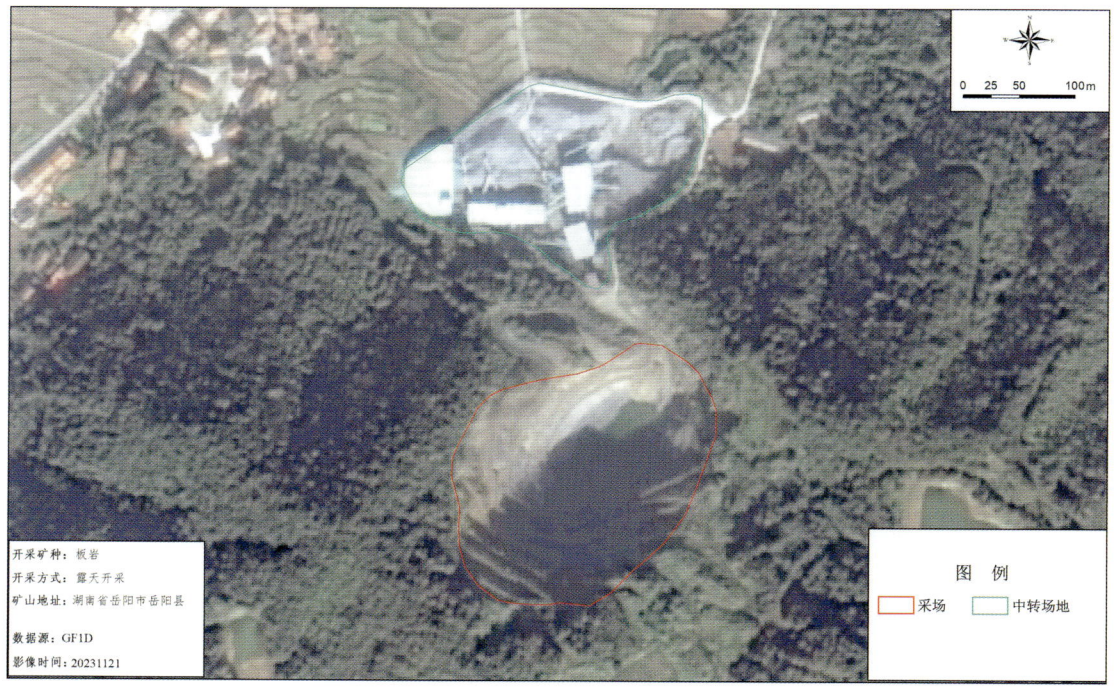

图6-6 板岩矿山开发占地遥感影像

监测区域开采饰面用花岗岩(图6-7):矿山处于开采中期,共有两类矿山开发占地类型。采场为台阶式开采,呈亮灰色,采面新鲜;采场西北侧有一处固体废弃物,为废石堆和剥离的表土堆。

图6-7 饰面用花岗岩矿山开发占地遥感影像

监测区域开采制灰用灰岩(图6-8):矿山处于开采中期,共有两类矿山开发占地类型。采场为典型的台阶式开采,呈暗黄色,南部呈青灰色,在影像中表现为密集的阶梯状弧形、环形纹理,边界清晰;采场南侧有一处中转场地,为选矿区域和堆放石料区域。

图6-8 制灰用灰岩矿山开发占地遥感影像

监测区域开采饰面用花岗岩(图6-9):矿山处于开采中后期,共有3类矿山开发占地类型。采场为台阶式开采,呈亮灰色,内部有积水现象;采场东南侧有一处中转场地,为选矿区域和堆放石料区域;矿区道路用于连接采场和中转场地。

图6-9　饰面用花岗岩矿山开发占地遥感影像

监测区域开采饰面用花岗岩(图6-10):矿山处于开采中期,共有3类矿山开发占地类型。采场为台阶式开采,呈亮灰色,采面新鲜,内部采矿活动频繁,无植被发育;采场西侧有一处中转场地,为选矿区域和堆放石料区域;采场西北侧有一处固体废弃物,为废石堆和剥离的表土堆。

图6-10　饰面用花岗岩矿山开发占地遥感影像

监测区域开采建筑用花岗石(图 6-11)：矿山处于开采中期，共有 3 类矿山开发占地类型。采场为典型的台阶式开采，东南部呈亮灰色，带黄色色斑，西北部有薄膜覆盖，在影像中表现为密集的阶梯状弧形、环形纹理，边界清晰；采场东南侧有一处中转场地，为选矿区域；矿区道路用于连接中转场地和外界。

图 6-11　建筑用花岗石矿山开发占地遥感影像

七、常德市

　　常德市地处湘西北,东靠洞庭湖,西连张家界,辖2个市辖区、6个县,代管1个县级市和6个管理区,分别为武陵区、鼎城区、安乡县、汉寿县、桃源县、临澧县、石门县、澧县、津市市、常德经济技术开发区、常德高新技术产业开发区、柳叶湖旅游度假区、西湖管理区、西洞庭管理区和桃花源旅游管理区,总面积为18 200 km²。常德市矿产资源较丰富,截至2020年底,全市已发现矿产59种,探明资源量的矿产有39种,列入湖南省矿产资源储量表的矿产有31种。常德市以沉积型矿产为主,磷、石膏、芒硝、岩盐、玻璃用砂岩、水泥用石灰岩等矿产保有资源量位居全省前列。石门县、桃源县的矿泉水和地热等清洁资源,具有良好的开发利用价值和前景。

　　常德市矿产资源以单一矿产居多,区域特征明显。矿产成矿区大致可分为武陵山磷、石灰岩、白云岩、玻璃用砂岩、煤、铁、黏土矿成矿区,洞庭湖石膏、岩盐、芒硝、膨润土、油气成矿区和雪峰弧金(锑、钨)矿成矿区。

　　本书涉及露天矿山的地区主要有澧县、石门县、鼎城区、桃源县、临澧县和汉寿县,涉及矿产有建筑石料用灰岩、水泥用灰岩、建筑用砂岩、砂岩、制灰用灰岩、石灰岩、砖瓦用页岩、玻璃用砂岩、建筑用白云岩等。

监测区域开采水泥用灰岩(图7-1):矿山处于开采中后期,共有4类矿山开发占地类型。采场为典型的台阶式开采,呈亮灰色,带黄色色斑,在影像中表现为密集的阶梯状弧形、环形纹理,边界清晰,采场最底部有积水现象,西部采场部分已自然恢复;采场东部有一处中转场地,为堆放石料区域;采场西南侧有一处固体废弃物,为废石堆和剥离的表土堆。

图 7-1 水泥用灰岩矿山开发占地遥感影像

监测区域开采砖瓦用页岩(图7-2):矿山处于开采中后期,共有两类矿山开发占地类型。采场为台阶式开采,呈亮黄色,内部植被破坏严重,东北部采面新鲜;采场西南侧有一处固体废弃物,为废石堆和剥离的表土堆。

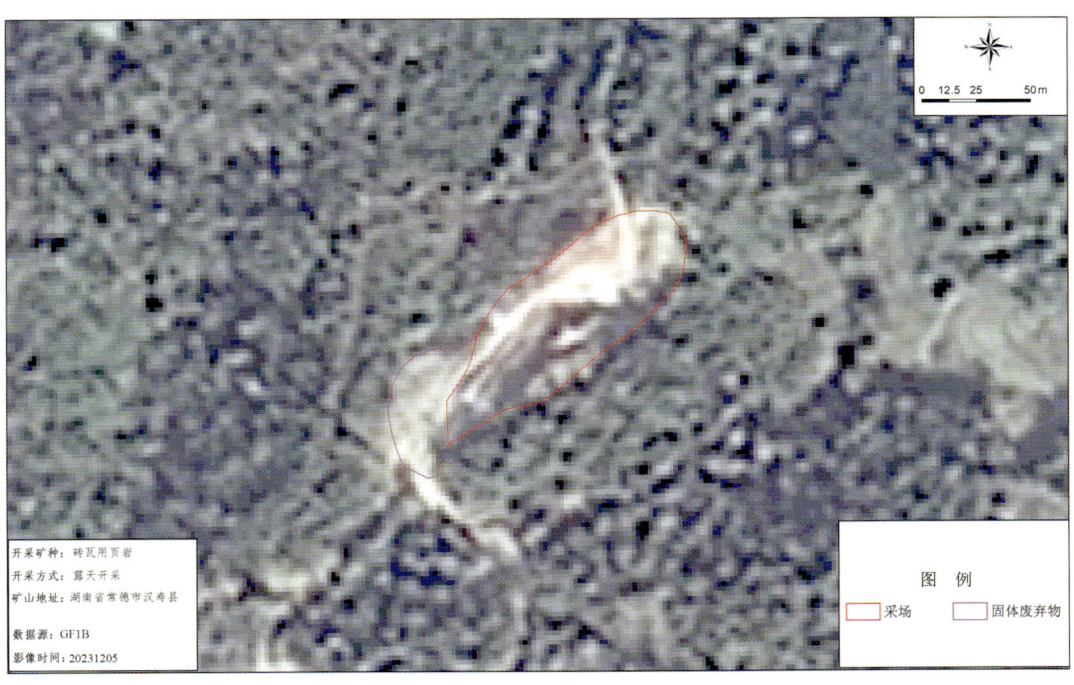

图 7-2 砖瓦用页岩矿山开发占地遥感影像

监测区域开采建筑石料用灰岩(图7-3):矿山处于开采中后期,共有3类矿山开发占地类型。采场呈暗黄色,内部矿区道路十分发育;采场东南部有一处中转场地,为选矿区域和堆放石料区域;采场西北侧有一处矿山建筑,为矿产品生产加工区域。

图7-3 建筑石料用灰岩矿山开发占地遥感影像

监测区域开采水泥用灰岩(图7-4):矿山处于开采中期,共有两类矿山开发占地类型。采场为典型的台阶式开采,呈暗黄色,在影像中表现为密集的阶梯状弧形、环形纹理,边界清晰;采场东北部有一处中转场地,为选矿区域和堆放石料区域。

图7-4 水泥用灰岩矿山开发占地遥感影像

监测区域开采石灰岩(图 7-5):矿山处于开采中期,共有 3 类矿山开发占地类型。采场呈浅灰色,带黄色色斑,采面内部基岩裸露,无植被发育,在影像中表现为密集的阶梯状弧形、环形纹理,边界清晰;采场东北部有一处中转场地,为堆放石料区域;采场西北部有一处固体废弃物,为废石堆和剥离的表土堆。

图 7-5 石灰岩矿山开发占地遥感影像

监测区域开采制灰用灰岩(图 7-6):矿山处于开采中期,共有 3 类矿山开发占地类型。采场为典型的台阶式开采,呈暗灰色,北部呈浅黄色,在影像中表现为密集的阶梯状弧形、环形纹理,边界清晰;采场西南部有一处中转场地,为选矿区域和堆放石料区域;采场西部有一处固体废弃物,为废石堆和剥离的表土堆。

图 7-6 制灰用灰岩矿山开发占地遥感影像

监测区域开采水泥用灰岩(图 7-7):矿山处于开采中期,共有 3 类矿山开发占地类型。采场为台阶式开采,在影像中表现为密集的阶梯状弧形、环形纹理,边界清晰,采场呈亮黄色,中部有浅灰色色斑,北部部分采场有绿色植被覆盖;采场东侧有一处中转场地,为选矿区域和堆放石料区域;紧邻中转场地东侧的区域为矿山建筑,其中西侧区域为生产加工区,东侧区域为办公区。

图 7-7 水泥用灰岩矿山开发占地遥感影像

监测区域开采玻璃用砂岩(图 7-8):矿山处于开采中后期,共有两类矿山开发占地类型。采场呈亮黄色,内部无植被发育;采场西北侧有一处中转场地,为选矿区域和堆放石料区域。

图 7-8 玻璃用砂岩矿山开发占地遥感影像

监测区域开采水泥用灰岩（图7-9）：矿山处于开采中后期，共有5类矿山开发占地类型。采场为典型的台阶式开采，呈浅灰色，带黄色色斑，在影像中表现为密集的阶梯状弧形、环形纹理，边界清晰，两处采场北部部分采区已自然恢复；右侧采场南部有两处中转场地，为选矿区域和堆放石料区域；左侧采场南侧有两处固体废弃物，为废石堆和剥离的表土堆；矿区道路用于连接两处采场和两处中转场地。

图7-9 水泥用灰岩矿山开发占地遥感影像

监测区域开采玻璃用砂岩（图7-10）：矿山已停止开采，共有两类矿山开发占地类型。采场虽为典型的台阶式开采，在影像中表现为密集的阶梯状弧形、环形纹理，边界清晰，但已全部处于自然恢复期；采场西南侧有一处中转场地，为选矿区域和堆放石料区域。

图7-10 玻璃用砂岩矿山开发占地遥感影像

监测区域开采建筑用白云岩(图 7-11)：矿山处于开采中期，共有 4 类矿山开发占地类型。采场为典型的台阶式开采，在影像中表现为密集的阶梯状弧形、环形纹理，边界清晰，采场北部呈亮灰色，南部为暗黄色，内部矿山道路十分发育，采面新鲜；沿采场东北方向有一处中转场地，用作选矿区域和堆放石料区域；采场四周分布有 4 处固体废弃物，为废石堆和剥离的表土堆；矿区道路用于连接采场和固体废弃物。

图 7-11　建筑用白云岩矿山开发占地遥感影像

监测区域开采建筑石料用灰岩(图 7-12)：矿山处于开采中期，共有 3 类矿山开发占地类型。采场呈暗灰色，带黄色色斑，采面新鲜，内部基岩裸露；采场南侧有一处中转场地，为选矿区域和堆放石料区域；采场东南侧有一处固体废弃物，为废石堆和剥离的表土堆。

图 7-12　建筑石料用灰岩矿山开发占地遥感影像

监测区域开采建筑石料用灰岩(图7-13):矿山处于开采中期,共有3类矿山开发占地类型。采场呈暗灰色,带黄色色斑,内部道路十分发育,东部采场植被发育;采场北侧有一处中转场地,为选矿区域和堆放石料区域;采场南侧有一处固体废弃物,为废石堆和剥离的表土堆。

图7-13 建筑石料用灰岩矿山开发占地遥感影像

监测区域开采水泥用灰岩(图7-14):矿山处于开采中期,共有4类矿山开发占地类型。采场为典型的台阶式开采,在影像中表现为密集的阶梯状弧形、环形纹理,边界清晰,采场内部道路十分发育,采面新鲜;采场西南侧有一处中转场地,为选矿区域和堆放石料区域;采场北侧有一处固体废弃物,为废石堆和剥离的表土堆;矿区道路用于连接采场和中转场地。

图7-14 水泥用灰岩矿山开发占地遥感影像

监测区域开采玻璃用砂岩(图7-15)：矿山处于开采中后期，共有两类矿山开发占地类型。采场呈浅黄色，采面新鲜，内部无植被发育，南部采场已处于自然恢复阶段。

图 7-15　玻璃用砂岩矿山开发占地遥感影像

监测区域开采石灰岩(图7-16)：矿山处于开采中期，共有4类矿山开发占地类型。采场为台阶式开采，呈亮黄色，最底部基岩裸露，呈浅灰色；采场西南侧有一处通过矿区道路相连的中转场地，为选矿区域和堆放石料区域；采场西南侧有一处固体废弃物，东南部也有一处固体废弃物，为废石堆和剥离的表土堆；矿区道路用于连接采场和中转场地，以及固体废弃物处。

图 7-16　石灰岩矿山开发占地遥感影像

监测区域开采建筑用砂岩(图7-17):矿山处于开采中期,共有3类矿山开发占地类型。采场为典型的台阶式开采,在影像中表现为密集的阶梯状弧形、环形纹理,边界清晰,采场呈暗黄色,采面新鲜;采场东北部有一处中转场地,为选矿区域和堆放石料区域。

图7-17 建筑用砂岩矿山开发占地遥感影像

监测区域开采砂岩(图7-18):矿山处于开采中期,共有3类矿山开发占地类型。采场为典型的台阶式开采,在影像中表现为密集的阶梯状弧形、环形纹理,边界清晰,采场呈浅黄色,内部道路发育;采场东侧有一处中转场地,为选矿区域和堆放石料区域;采场北、西、南3侧环绕一处固体废弃物,为废石堆和剥离的表土堆。

图7-18 砂岩矿山开发占地遥感影像

监测区域开采建筑石料用灰岩(图 7-19):矿山已停止开采,共有两类矿山开发占地类型。采场为典型的台阶式开采,在影像中表现为密集的阶梯状弧形、环形纹理,边界清晰,但已全部处于自然恢复阶段;采场西北侧有一处中转场地,为选矿区域和堆放石料区域。

图 7-19　建筑石料用灰岩矿山开发占地遥感影像

八、张家界市

张家界市位于湖南省西北部,属湘鄂渝交界处的武陵山区,辖永定区、武陵源区、桑植县和慈利县两区两县,总面积为 9 534.60km²。截至 2020 年底,全市已发现矿产 48 种,已探明储量并列入湖南省矿产资源储量表的有煤、石煤、铁、钒、锌、镍、钼、重晶石、方解石、萤石、水泥用灰岩、建筑用白云岩等 22 种,其中镍矿已探明储量居全省第一。全市已开发利用的矿产有煤、石煤、铁、铜、镍、钼、钒、硫铁矿、方解石、饰面用石料、水泥用灰岩、砖瓦用页岩、重晶石、地热等 24 种。

本书涉及露天矿山的地区主要有桑植县、慈利县和永定区,涉及矿产有饰面用灰岩、玻璃用砂岩、砂岩、大理岩、饰面用大理石、水泥用灰岩、建筑用白云岩、建筑石料用灰岩等。

监测区域开采水泥用灰岩(图8-1):矿山处于开采中期,共有5类矿山开发占地类型。采场呈浅灰色,带黄色色斑,采面新鲜,内部无植被发育;采场东南侧有4处中转场地,其中紧邻采场的两处及影像中东南角的一处为堆放石料区,采场南部约300m处为选矿区域;采场南、北两侧及矿山建筑西侧有多处固体废弃物,为废石堆和剥离的表土堆;影像中东南角区域为矿山建筑,主要用于矿产品的生产加工,少部分区域作为办公场地;矿区道路用于连接采场、中转场地和固体废弃物。

图8-1 水泥用灰岩矿山开发占地遥感影像

监测区域开采大理岩(图8-2):矿山处于开采中期,共有3类矿山开发占地类型。两处采场呈浅黄色,采面新鲜,内部道路发育;北部采场东南侧有一处中转场地,为选矿区域和堆放石料区域;矿区道路用于连接南部采场和中转场地。

图8-2 大理岩矿山开发占地遥感影像

监测区域开采建筑石料用灰岩(图 8-3):矿山处于开采中期,共有两类矿山开发占地类型。采场为典型的台阶式开采,在影像中表现为密集的阶梯状弧形、环形纹理,边界清晰,采场呈暗灰色,带黄色色斑,内部道路发育;采场东北侧有一处中转场地,为选矿区域和堆放石料区域。

图 8-3 建筑石料用灰岩矿山开发占地遥感影像

监测区域开采建筑用白云岩(图 8-4):矿山处于开采中期,共有两类矿山开发占地类型。采场为典型的台阶式开采,在影像中表现为密集的阶梯状弧形、环形纹理,边界清晰,采场呈浅黄色与褐色交替;采场东南侧有一处中转场地,为选矿区域和堆放石料区域。

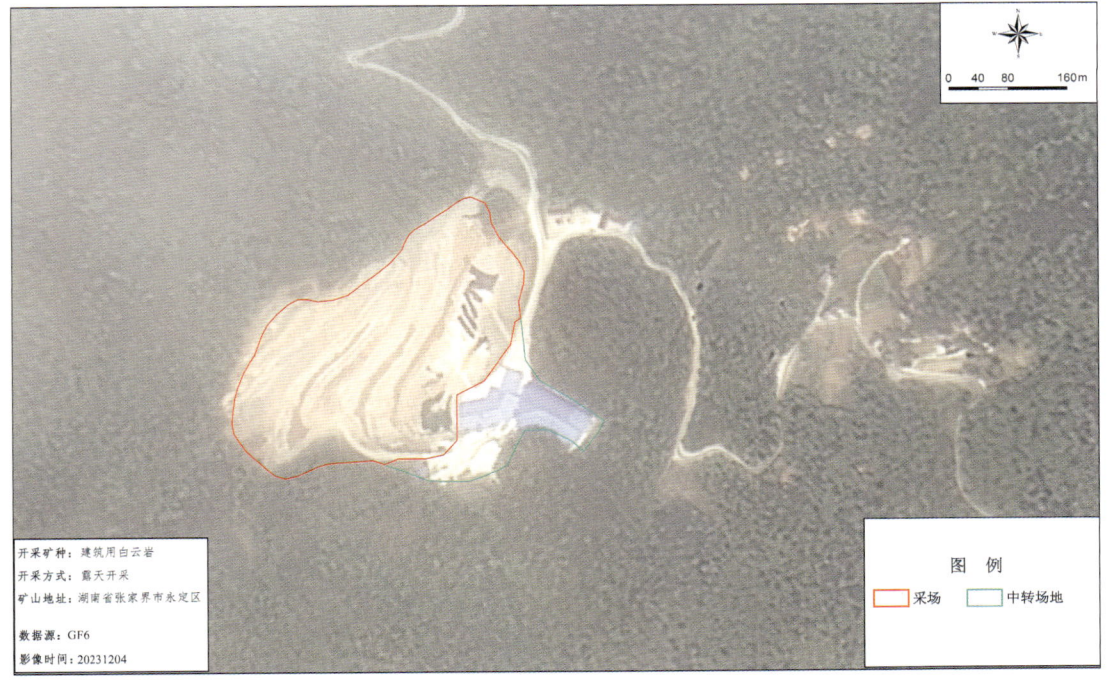

图 8-4 建筑用白云岩矿山开发占地遥感影像

监测区域开采饰面用大理石(图8-5)：矿山处于开采中期，仅有一类矿山开发占地类型。采场呈浅黄色，带暗色色斑，内部采面活动较少。

图8-5 饰面用大理石开发占地遥感影像

监测区域开采砂岩(图8-6)：矿山处于开采中期，共有3类矿山开发占地类型。采场为典型的台阶式开采，在影像中表现为密集的阶梯状弧形、环形纹理，边界清晰，采场呈暗黄色，带灰色色斑；采场东南侧有一处中转场地，为选矿区域和堆放石料区域；采场东北侧和西侧有两处固体废弃物，为废石堆和剥离的表土堆。

图8-6 砂岩矿山开发占地遥感影像

监测区域开采玻璃用砂岩（图 8-7）：矿山处于开采中期，共有两类矿山开发占地类型。采场为典型的台阶式开采，采场东北部在影像中表现为密集的阶梯状弧形、环形纹理，边界清晰，呈亮灰色，采面新鲜，采场西南部呈暗黄色，内部无植被迹象；采场南侧有一处固体废弃物，为废石堆和剥离的表土堆。

图 8-7 玻璃用砂岩矿山开发占地遥感影像

监测区域开采建筑用白云岩（图 8-8）：矿山处于开采中期，共有 3 类矿山开发占地类型。采场为典型的台阶式开采，在影像中表现为密集的阶梯状弧形、环形纹理，边界清晰，采场呈暗灰色，最底部呈浅黄色；采场东侧有一处中转场地，为选矿区域和堆放石料区域；采场东北侧有一处固体废弃物，为废石堆和剥离的表土堆。

图 8-8 建筑用白云岩矿山开发占地遥感影像

监测区域开采建筑石料用灰岩(图8-9)：矿山处于开采中期，共有3类矿山开发占地类型。采场为典型的台阶式开采，在影像中表现为密集的阶梯状弧形、环形纹理，边界清晰，采场呈亮灰色，带黄色色斑，采面新鲜，内部道路发育；采场东北侧有一处中转场地，为选矿区域和堆放石料区域；矿区道路用于连接采场和中转场地。

图8-9 建筑石料用灰岩矿山开发占地遥感影像

监测区域开采饰面用灰岩(图8-10)：矿山处于开采中期，共有两类矿山开发占地类型。采场为台阶式开采，呈亮黄色，内部道路发育，采面新鲜，采场西北部有积水现象；采场西北侧有一处中转场地，为选矿区域和堆放石料区域。

图8-10 饰面用灰岩矿山开发占地遥感影像

九、益阳市

益阳市位于湖南省中北部,辖安化县、桃江县、赫山区、资阳区、沅江市和南县6个县市区和国家级益阳高新技术产业开发区、大通湖管理区,总面积为12 144 km²。益阳市地处雪峰山弧形隆起与洞庭坳陷接合部,雪峰山弧形多金属成矿带贯穿本市南部。区内地层出露齐全,构造发育,岩浆活动频繁,具有利成矿地质条件,矿产资源丰富,矿种多样。截至2020年底,益阳市已发现矿产61种(65亚种),约占全省已发现121种(146亚种)矿产的50.41%。其中,能源矿产7种,金属矿产27种(28亚种),非金属矿产26种(29亚种),水气矿产1种;已探明有一定资源储量的矿产36种(37亚种),约占全省已探明储量88种(111亚种)矿产的40.91%;其中已开发利用矿产26种。

区内矿产资源开发利用程度较高。已开发利用的矿产有煤、铁、锰、铅、锌、金、钨、锑、硫铁矿、饰面用花岗岩、水泥用灰岩、砖瓦用页岩等26种。全市大、中型矿山比例偏低,矿山生产建设规模以小型为主。

本书涉及露天矿山的地区主要有安化县和桃江县,涉及矿产有水泥配料用砂岩、饰面用花岗岩、水泥用灰岩、建筑用砂岩、石灰岩、板岩、砖瓦用页岩、建筑用花岗石、建筑石料用灰岩、砖瓦用砂岩、花岗岩、陶粒页岩等。

监测区域开采建筑用砂岩(图 9-1):矿山处于开采中后期,共有 3 类矿山占地。采场有两大区域:一处在北部,呈灰色,由北向南从高到低呈弧形台阶状开采,弧口朝北,采面坡度较大;另一处在南部,呈浅灰色,亮度较高,从西向东自上而下进行开采,采面较为平坦,大致分为 3 个台阶状平台。中转场地在采场北侧,由带有工棚、传送设施的选矿区域和堆放石料区组成。固体废弃物位于采场西南侧,为黄褐色的排土场。

图 9-1　建筑用砂岩矿山开发占地遥感影像

监测区域开采板岩(图 9-2):矿山正处于开采期,共有两类矿山开发占地类型。采场呈土黄色,由北向南自上而下进行开采,采场南侧以缓坡采面为主,北侧以采场破土开路为主;中转场地在采场北侧,为由蓝顶工棚及圆环形工棚组成的选矿场地。

图 9-2　板岩矿山开发占地遥感影像

监测区域开采砖瓦用页岩（图 9-3）：矿山处于开采中后期，共有两类矿山开发占地类型。采场呈灰黄色，东南侧已形成坑面，有积水，西侧为较平坦的采面；中转场地在采场西侧，为包含 3 个蓝顶工棚的选矿区域及大面积堆放石料区域。

图 9-3　砖瓦用页岩矿山开发占地遥感影像

监测区域开采建筑用花岗石（图 9-4）：矿山处于开采初期，共有两类矿山开发占地类型。采场呈黄褐色，处于山体刚被开挖状态，无规则形状；中转场地位于采场北侧，呈土黄色，由石料堆及空场地组成。

图 9-4　建筑用花岗石矿山开发占地遥感影像

监测区域开采建筑石料用灰岩(图9-5):矿山处于开采中后期,共有3类矿山开发占地类型。采场呈浅灰色,部分覆盖蓝色挂网,整体朝西从高到低进行开采,东北部形成较为平坦的采面,西部及南部为较陡立的台阶状采面;中转场地在采场东侧,为含工棚、传送装置的选矿场地和部分堆放石料场;固体废弃物在采场北侧,为排土场。

图9-5 建筑石料用灰岩矿山开发占地遥感影像

监测区域开采砖瓦用砂岩(图9-6):矿山正处于开采期,共有3类矿山开发占地类型。采场北部呈灰色,朝南由高到低进行开采;北部呈灰褐色,朝西开采。中转场地有两处:一处在采场北侧,放置传送带装置和石料堆;另一处在采场东侧,为蓝顶工棚的选矿场地。固体废弃物在采场西侧,为剥离的表土堆。

图9-6 砖瓦用砂岩矿山开发占地遥感影像

监测区域开采花岗岩(图9-7):矿山正处于开采期,共有3类矿山开发占地类型。采场呈浅灰色,沿西南方向由高到低进行开采,西南侧采面垂直于水平面,其余开挖部分呈近似水平的平台;中转场地位于采场东北侧,由蓝顶选矿工棚、传送装置及石料堆组成;固体废弃物在采场西侧,为土黄色排土场。

图9-7 花岗岩矿山开发占地遥感影像

监测区域开采陶粒页岩(图9-8):矿山正处于开采期,共有两类矿山开发占地类型。采场呈浅灰色,自西向东从高到低进行开采,西侧形成一个窄而深的采坑,东侧为一较高的开采坑面平台;中转场地在采场西侧,以工棚及传送装置组成的选矿场地为主,堆放少量石料。

图9-8 陶粒页岩矿山开发占地遥感影像

监测区域开采水泥用灰岩(图9-9):矿山处于开采中后期,共有3类矿山开发占地类型。采场由地面向下进行开挖,中部呈灰黄色,坑面较为平坦,四周为灰色环形台阶状采面;中转场地在采场北侧,为由蓝顶工棚和传送带设施组成的选矿场地及部分堆放石料场地;固体废弃物位于采场东侧的为排土场,位于采场东北侧的为剥离的表土堆。

图9-9 水泥用灰岩矿山开发占地遥感影像

监测区域开采饰面用花岗岩(图9-10):矿山正处于开采期,共有3类矿山开发占地类型。采场呈浅灰色,亮度较高,但由于南侧采面较为陡立,因而北侧平坦的采面大部分被阴影覆盖;中转场地在采场东侧,为蓝顶选矿场地和部分堆放石料场地。固体废弃物在采场北侧,主要为排土场地。

图9-10 饰面用花岗岩矿山开发占地遥感影像

监测区域开采水泥配料用砂岩(图9-11):矿山处于开采中后期,共有两类矿山开发占地类型。采场主体呈弧形台阶状,从西向东自上而下进行开采,东部台阶区域呈深灰色,属于老旧开采区,西部高亮部分属于正在开采区;固体废弃物位于采场西侧和东北侧,均为剥离的表土堆。

图 9-11　水泥配料用砂岩矿山开发占地遥感影像

监测区域开采饰面用花岗岩(图9-12):矿山处于开采中后期,共有两类矿山开发占地类型。采场为典型规则状切割型开采,采面呈浅灰色台阶状,从西北往东南自上而下进行开采,东侧形成较大开采平台,并在东南边形成开采立面;固体废弃物位于采场西北侧,从东南到西北自上而下形成两个条形排土场。

图 9-12　饰面用花岗岩矿山开发占地遥感影像

监测区域开采石灰岩(图 9-13)：矿山正处于开采期，共有两类矿山开发占地类型。采场以灰色为主，从东向西自上而下呈弧形台阶状开采，东侧为较低的平台，西侧为较陡的弧形台阶状；中转场地在采场东南侧，西、南两区域为具有工棚结构的选矿场地，其他区域为堆放石料区域。

图 9-13 石灰岩矿山开发占地遥感影像

十、郴州市

郴州市位于湖南省东南部,东邻江西省赣州市,南邻广东省韶关市、清远市,西接永州市,北交衡阳市、株洲市。全市辖二区一市八县,分别为北湖区、苏仙区、资兴市、桂阳县、宜章县、永兴县、嘉禾县、临武县、汝城县、桂东县、安仁县,总面积为19 346.5km²。郴州市位于南岭成矿带中段,区内地层出露齐全,构造发育,岩浆活动强烈,成矿地质条件优越,矿产资源丰富,素有"中国有色金属之乡""中国银都"和"中国温泉之城"等美称。截至2020年底,郴州市已发现矿产116种(含亚种),其中探明资源储量的有61种。在61种已探明资源储量的矿产中,共有钨、锡、钼、铋、铅等20种矿产居全省第一位,煤、锂、铷、锌等8种矿产保有资源储量居全省第二位,铁、镍等6种矿产居全省第三位。郴州市矿产资源共伴生矿产多,单一矿产少;保有储量方面,控制加推断的资源量多,探明资源量少。矿产资源分布具有明显的区域集中性。

本书涉及露天矿山的地区主要有北湖区、宜章县、资兴市、安仁县、桂东县、汝城县、临武县、嘉禾县、永兴县、苏仙区和桂阳县,涉及矿产有水泥用灰岩、建筑用砂、建筑石料用灰岩、建筑用砂岩、饰面用花岗岩、建筑用花岗石、砖瓦用页岩、建筑大理石、长石、高岭土、建筑用白云岩、玻璃用石英岩、萤石等。

监测区域开采建筑石料用灰岩(图10-1):矿山处于开采中后期,共有5类矿山开发占地类型。采场为台阶式开采,呈浅灰色,带黄色色斑,由西南向东北方向进行开挖,西南部为暗灰色坑面,较为平坦,东北部地势较高,为灰色环形台阶状采面;采场西南部已自然恢复;采场西北部有一处中转场地,为选矿区域和堆放石料区域;西南部有一处固体废弃物,为废石堆和剥离的表土堆;矿区道路用于连接采场、中转场地和固体废弃物。

图 10-1 建筑石料用灰岩矿山开发占地遥感影像

监测区域开采水泥用灰岩(图10-2):矿山正处于开采期,共有4类矿山开发占地类型。采场为台阶式开采,由地面向下进行开挖,中部呈亮灰色,带黄色色斑坑面,较为平坦,内部道路十分发育,四周为灰色环形台阶状采面;采场西北侧有两处中转场地,为选矿区域和堆放石料区域;采场西侧有一处固体废弃物,为废石堆和剥离的表土堆;矿区道路用于连接采场和中转场地。

图 10-2 水泥用灰岩矿山开发占地遥感影像

监测区域开采建筑石料用灰岩(图10-3):矿山正处于开采期,共有两类矿山开发占地类型。采场为台阶式开采,由地面向下进行开挖,中部为暗黄色坑面,较为平坦,四周为灰色环形台阶状采面,最外层为黄色堆土区,道路较为发育;采场南侧有一处中转场地,为选矿区域和堆放石料区域。

图 10-3　建筑石料用灰岩矿山开发占地遥感影像

监测区域开采建筑石料用灰岩(图10-4):矿山正处于开采期,共有两类矿山开发占地类型。采场为台阶式开采,呈暗灰色,由东南向西北方向进行开挖,北面采坑较为平坦,南面地势较高,为灰色环形台阶状采面;采场东南侧有一处中转场地,为选矿区域和堆放石料区域。

图 10-4　建筑石料用灰岩矿山开发占地遥感影像

监测区域开采建筑用白云岩(图 10-5):矿山处于开采中后期,共有两类矿山开发占地类型。采场为台阶式开采,呈暗黄色,东北部为浅黄色,采面由西北向东南方向,由高向低进行开挖,北部台阶上有一较大开采平台,东北角有一处积水;采场西北部有一处中转场地,为选矿区域和堆放石料区域。

图 10-5　建筑用白云岩矿山开发占地遥感影像

监测区域开采砖瓦用页岩(图 10-6):矿山正处于开采期,共有两类矿山开发占地类型。采场呈褐色,带黄色色斑,由东南向西北方向进行开挖,采场北部开采平台较大,为主要开采区;采场东南侧有一处中转场地,为选矿区域和堆放石料区域。

图 10-6　砖瓦用页岩矿山开发占地遥感影像

监测区域开采建筑石料用灰岩(图 10-7)：矿山正处于开采期，共有 3 类矿山开发占地类型。采场自东南向西北方向开挖，呈暗灰色，带黄色色斑，采面新鲜，基岩裸露；采场最东侧有一处中转场地，为选矿区域和堆放石料区域；采场(东侧)与中转场地之间有一处固体废弃物，为废石堆和剥离的表土堆。

图 10-7　建筑石料用灰岩矿山开发占地遥感影像

监测区域开采水泥用灰岩(图 10-8)：矿山正处于开采期，共有两类矿山开发占地类型。采场为台阶式开采，呈暗灰色，带黄色色斑，由西北向东南方向进行开挖，西北部为暗灰色坑面，较为平坦，内部道路十分发育，东南部地势较高，为灰色环形台阶状采面；采场西侧有一处中转场地，为选矿区域和堆放石料区域。

图 10-8　水泥用灰岩矿山开发占地遥感影像

监测区域开采建筑石料用灰岩(图10-9):矿山正处于开采期,共有3类矿山开发占地类型。采场为典型台阶式开采,呈暗灰色,由北向南自上而下进行开采,采面在影像中表现为密集的阶梯状弧形、环形纹理,边界清晰;采场北部有一处中转场地,为选矿区域和堆放石料区域;采场南部有一处固体废弃物,为废石堆和剥离的表土堆。

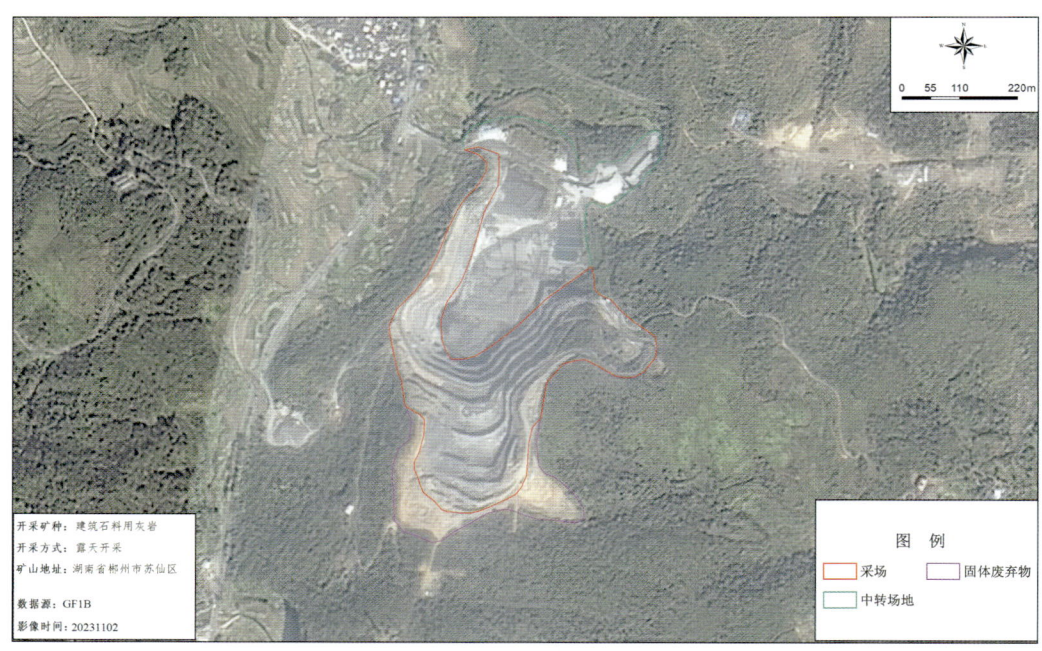

图10-9 建筑石料用灰岩矿山开发占地遥感影像

监测区域开采建筑石料用灰岩(图10-10):矿山正处于开采期,共有3类矿山开发占地类型。采场为典型台阶式开采,呈亮灰色,采面新鲜,由东南向西北自上而下进行开采,采面在影像中表现为密集的阶梯状弧形、环形纹理,边界清晰;采场西侧有一处中转场地,为选矿区域和堆放石料区域;采场北、东、南三面有一处固体废弃物环绕,为废石堆和剥离的表土堆。

图10-10 建筑石料用灰岩矿山开发占地遥感影像

监测区域开采建筑石料用灰岩(图 10-11):矿山正处于开采期,共有两类矿山开发占地类型。采场为典型台阶式开采,呈亮黄色,带浅灰色色块,由东南向西北方向自上而下进行开采,内部道路发育,采面东南部在影像中表现为密集的阶梯状弧形、环形纹理,边界清晰;采场西侧有一处中转场地,为选矿区域和堆放石料区域。

图 10-11 建筑石料用灰岩矿山开发占地遥感影像

监测区域开采建筑石料用灰岩(图 10-12):矿山处于开采初期,共有 3 类矿山开发占地类型。采场呈暗黄色,由东向西自上而下进行开采,处于山体刚被开挖状态,无规则形状;采场西北侧有一处中转场地,为选矿区域和堆放石料区域;矿区道路用于连接采场和中转场地。

图 10-12 建筑石料用灰岩矿山开发占地遥感影像

监测区域开采建筑大理石(图10-13):矿山正处于开采期,共有3类矿山开发占地类型。采场南部呈暗灰色,采面主要集中在南部,较平坦,北部呈褐色,为井字防滑坡;采场西北侧和东南侧各有一处中转场地,为选矿区域和堆放石料区域;采场东侧有一处固体废弃物,为废石堆和剥离的表土堆。

图10-13 建筑大理石矿山开发占地遥感影像

监测区域开采高岭土(图10-14):矿山正处于开采期,共有3类矿山开发占地类型。采场呈浅黄色,由西向东自上而下进行开采,采面在影像中表现为密集的阶梯状弧形、环形纹理,边界清晰;采场东侧有一处中转场地,为选矿区域和堆放石料区域;矿区道路用于连接采场和中转场地。

图10-14 高岭土矿山开发占地遥感影像

监测区域开采建筑大理石(图10-15):矿山正处于开采期,共有两类矿山开发占地类型。采场呈浅黄色,中部被浅绿色薄膜覆盖;采场东北侧有一处中转场地,为选矿区域和堆放石料区域。

图10-15 建筑大理石矿山开发占地遥感影像

监测区域开采砖瓦用页岩(图10-16):矿山处于开采中期,共有两类矿山开发占地类型。采场呈灰褐色,沿东北、西南向展开,中间部位呈台阶状,北部为开采坑面,南部为开采平台。恢复治理区位于采场西侧,由原固体废弃物堆放区自然生长植被而成。

图10-16 砖瓦用页岩矿山开发占地遥感影像

监测区域开采建筑石料用灰岩(图 10-17):矿山处于开采中后期,共有 3 类矿山开发占地类型。采场呈黄褐色,为凹陷环形台阶状,中部平坦且较低处已有部分积水;中转场地位于采场西侧,可见带有支架的传送装置及石料堆;采场东侧的固体废弃物为剥离的表土堆,已有零星植被生长,另一处固体废弃物在中转场地西侧,为排土场地。

图 10-17　建筑石料用灰岩矿山开发占地遥感影像

监测区域开采建筑石料用灰岩(图 10-18):矿山正处于开采期,共有两类矿山开发占地类型。采场呈黄褐色,北侧亮度较高,中部地势较低,已有积水(绿色),整体呈凹形;中转场地在采场南侧,以石料堆为主,另有一处具有蓝顶工棚的选矿场地。

图 10-18　建筑石料用灰岩矿山开发占地遥感影像

监测区域开采建筑石料用灰岩（图10-19）：矿山正处于开采期，共有3类矿山开发占地类型。采场呈灰色，朝东南方向由高到低进行开采，地势西北低东南高；中转场地在采场东北侧，以灰色石料堆为主，另有具有蓝顶工棚的选矿场地；固体废弃物在采场东南侧，为剥离的表土堆。

图 10-19　建筑石料用灰岩矿山开发占地遥感影像

监测区域开采高岭土矿山（图10-20）：矿山处于开采初期，共有两类矿山开发占地类型。采场呈土黄色，处于刚开采阶段，采面中部高亮部位为处于较高点的正在开采区；采场东南侧的固体废弃物为剥离表土的排土场。

图 10-20　高岭土矿山开发占地遥感影像

监测区域开采建筑石料用灰岩(图10-21):矿山处于开采中后期,共有3类矿山开发占地类型。采场呈浅灰色,主要分为两个开采平台,中间平台地势较低,较高平台向东、西两侧延伸;中转场地位于采场西南侧,由选矿工棚及石料堆组成。固体废弃物在采场东、西两侧,均为剥离的表土堆。

图 10-21　建筑石料用灰岩矿山开发占地遥感影像

监测区域开采饰面用花岗岩(图10-22):矿山正处于开采期,共有3类矿山开发占地类型。采场呈浅灰色,亮度较高,由南向北开采,南面为开采平台,以较为典型的饰面用花岗岩开采方式开采,采面非常平整,岩体呈方形;中转场地位于采场东北侧,以具有工棚结构的选矿场地为主;采场东南侧为恢复治理区,由原固体废弃物堆放区自然生长植被而成。

图 10-22　饰面用花岗岩矿山开发占地遥感影像

监测区域开采砖瓦用页岩(图10-23)：矿山处于开采中后期，共有两类矿山开发占地类型。采场以浅灰褐色为主，部分为深灰色，由北向南进行开采，采面北低南高；恢复治理区位于采场南、北两侧，面积较大，由原中转场地和固体废弃物堆放区自然生长植被而成。

图10-23　砖瓦用页岩矿山开发占地遥感影像

监测区域开采建筑石料用灰岩(图10-24)：矿山正处于开采期，共有两类矿山开发占地类型。采场呈灰褐色，分别朝南、北两个方向进行开采，南部采坑色调较暗，为老旧采面，北侧采场较亮，为较新鲜的采面；中转场地在采场西侧，以具有蓝顶工棚的选矿场地为主，可见一小处石料堆放。

图10-24　建筑石料用灰岩矿山开发占地遥感影像

监测区域开采建筑用砂岩(图10-25):矿山正处于开采期,共有4类矿山开发占地类型。采场四周呈灰黄色,中间高亮部分为正在开采区,颜色较难识别,从北向南进行开采,采场整体地势北低南高;中转场地在采场东南角,为一小区域选矿场地;固体废弃物分布于两大区域,分别位于采场南、东南方向,由矿区道路连接,南侧固体废弃物为表土堆和排土场,东南侧用作排土场。

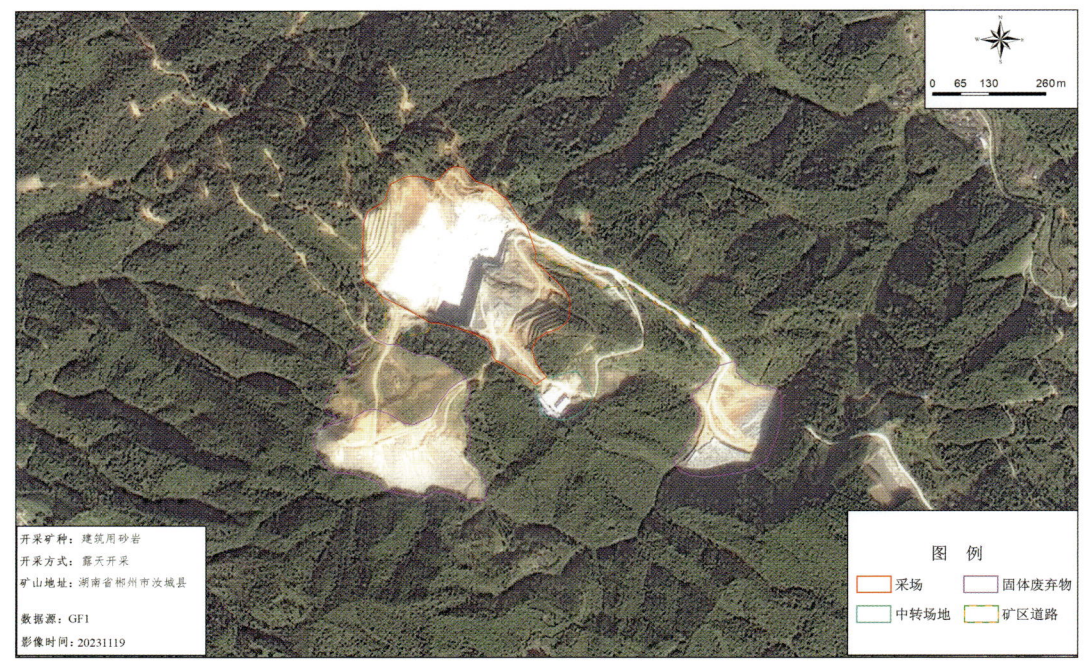

图10-25　建筑用砂岩矿山开发占地遥感影像

监测区域开采砖瓦用页岩(图10-26):矿山正处于开采期,共有3类矿山开发占地类型。采场呈深灰色,由北向南开采,地势北低南高;中转场地在采场北侧,以具有蓝顶工棚的选矿场地为主;固体废弃物环绕在中转场地的东、西、北3侧,以表土堆为主,零星分布废弃石料。

图10-26　砖瓦用页岩矿山开发占地遥感影像

监测区域开采建筑石料用灰岩(图 10-27):矿山正处于开采期,共有两类矿山开发占地类型。采场分为黄褐色和浅灰色两部分:浅灰色部分在西北侧,地势较低,采面较陡;黄褐色部分在东南侧,地势较高,采面较为平缓。中转场地在采场西北侧,由绿顶工棚、传送带等组成的选矿场地及石料堆组成。

图 10-27　建筑石料用灰岩矿山开发占地遥感影像

监测区域开采长石(图 10-28):矿山正处于开采期,共有 3 类矿山开发占地类型。采场呈浅灰色,由北向南按地势北低南高进行开采;采场南侧为大面积固体废弃物,主要为排土场地,靠近采场部位为剥离的表土堆;中转场地在固体废弃物南侧,以具有蓝顶工棚的选矿场地为主,伴有部分石料堆。

图 10-28　长石矿山开发占地遥感影像

监测区域开采建筑用花岗石(图 10-29)：矿山正处于开采期，共有 3 类矿山开发占地类型。采场呈灰褐色，由北向南按地势北低南高进行开采；中转场地位于采场东侧，以石料堆为主；固体废弃物在采场西南侧，主要为剥离的表土堆。

图 10-29　建筑用花岗石矿山开发占地遥感影像

监测区域开采高岭土(图 10-30)：矿山正处于开采期，共有 3 类矿山开发占地类型。采场呈浅灰色，由北向东南按地势西北低东南高进行开采；中转场地在采场北侧，呈带状分布，南部为工棚选矿场地，北部为石料堆；恢复治理区在采场南侧，与采场相隔一段距离，为原固体废弃物排土区域，现已自然生长植被。

图 10-30　高岭土矿山开发占地遥感影像

监测区域开采建筑用砂岩(图10-31):矿山正处于开采期,共有两类矿山开发占地类型。采场呈灰褐色,由北向南进行开采,地势北低南高,采面整体较为平缓;中转场地在采场北侧,由具有蓝顶工棚的选矿场地及石料堆组成。

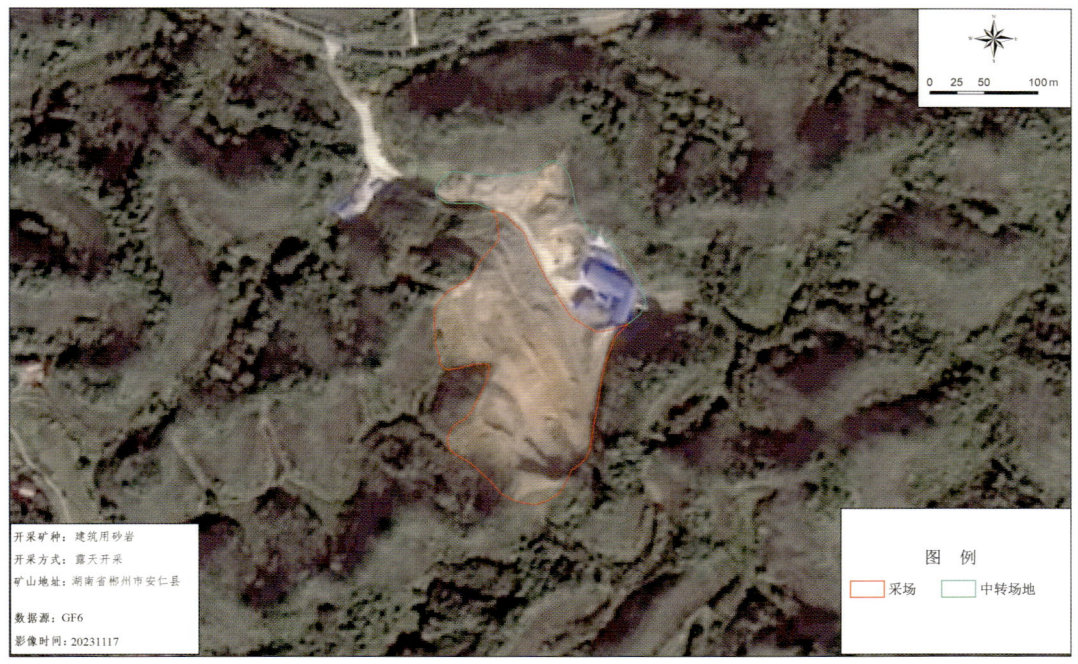

图10-31 建筑用砂岩矿山开发占地遥感影像

监测区域开采饰面用花岗岩(图10-32):矿山正处于开采期,共有4类矿山开发占地类型。采场呈浅灰色,由北向南进行开采,地势北低南高,共分为两个较大的开采平台,南部平台面积较小,采面老旧,北部平台高亮,采面较新鲜;中转场地在采场南、北两侧,由矿区道路所连接,以石料堆为主;固体废弃物在采场周边环绕,以剥离表土堆为主。

图10-32 饰面用花岗岩矿山开发占地遥感影像

监测区域开采建筑石料用灰岩(图 10-33):矿山正处于开采期,共有 4 类矿山开发占地类型。采场呈灰色、黄褐色及亮白色,从西向东进行开采,地势西低东高,东部是弧形台阶状采面;中转场地在采场西侧,由石料堆组成,可见少量的传送带装置;固体废弃物在采场周边以及东北侧,周边以剥离表土堆为主,西侧是排土场地,由矿区道路连接。

图 10-33　建筑石料用灰岩矿山开发占地遥感影像

监测区域开采水泥用灰岩(图 10-34):矿山处于开采中后期,共有两类矿山开发占地类型。采场以浅灰色为主,西南部采坑呈土黄色,整体呈长方形,东北—西南为较长方向,呈"C"字弧形台阶状开采,地势周边高中间低;恢复治理区在采场西侧,为老旧台阶状采面,已长有植被。

图 10-34　水泥用灰岩矿山开发占地遥感影像

监测区域开采建筑用砂(图10-35):矿山正处于开采期,共有两类矿山开发占地类型。采场呈土黄色,由南向北进行开采,地势东南低西北高;中转场地在采场南侧,以石料堆为主,有一小规模具有蓝顶工棚的选矿场地。

图10-35 建筑用砂矿山开发占地遥感影像

监测区域开采建筑石料用灰岩(图10-36):矿山正处于开采期,共有两类矿山开发占地类型。采场呈浅灰色,由西向东进行开采,地势西低东高,东侧采面呈"C"字弧形台阶状;中转场地在采场西侧,影像显示较为高亮,可见以工棚为主的选矿场地。

图10-36 建筑石料用灰岩矿山开发占地遥感影像

监测区域开采玻璃用石英岩(图10-37):矿山正处于开采期,共有3类矿山开发占地类型。采场以灰褐色为主,由东南向西北进行开采,地势整体东低西高,采面由于顺地势进行开采,无较规则形状;中转场地在采场东侧,由矿区道路连接,整体以具有蓝顶工棚的选矿场地为主,伴有零星的石料堆。

图10-37　玻璃用石英矿山开发占地遥感影像

监测区域开采水泥用灰岩(图10-38):矿山处于开采中后期,共有两类矿山开发占地类型。采场呈浅灰色,由北向南进行开采,地势北低南高,南部采面呈"C"字台阶状,北部较为平坦;恢复治理区在采场南侧,为老旧台阶状采场,现已平整并长有植被。

图10-38　水泥用灰岩矿山开发占地遥感影像

监测区域开采萤石（普通）（图10-39）：矿山正处于开采期，仅有一类矿山开发占地类型。采场以灰褐色为主，西部是色调较为高亮的台阶状采面，东部是纹理较为平整的采面，整体由东南向西北开采，地势东南低西北高。

图 10-39　萤石（普通）矿山开发占地遥感影像

十一、永州市

永州市地处湖南省南部,南岭山脉北麓,省内与郴州、衡阳、邵阳三市接壤,西、南分别与广西壮族自治区、广东省毗邻,全市辖2个区、1个县级市、8个县,分别是冷水滩区、零陵区、祁阳市、东安县、双牌县、道县、宁远县、江永县、江华瑶族自治县、新田县、蓝山县,另有金洞、回龙圩2个管理区,以及国家级永州经济技术开发区,总面积为22 300 km^2。永州市位于南岭多金属成矿带中部的湘南成矿带西缘,地层出露较齐全,岩浆活动强烈,成矿条件好,赋存丰富的黑色金属、有色金属、稀有金属和非金属矿产。截至2020年底,已发现矿产(含亚种)75种,其中已查明资源储量的矿产41种。

永州市优势矿产资源主要为锰矿、稀土矿、铅矿、锌矿、钨矿、锡矿、锂矿、铷矿、饰面石材等。锰矿属永州市传统优势矿产,主要分布在零陵区、东安县、冷水滩区、道县、蓝山县和祁阳市等地区。稀土矿属新开发利用优势矿产,主要分布在江华瑶族自治县和蓝山县境内,两地区均探获大型稀土矿。铅、锌、钨、锡矿等有色金属矿产在永州市矿产资源开发利用历史上占有较高的地位,主要分布在江华瑶族自治县、江永县、道县和蓝山县等地区。饰面石材类型主要有花岗岩、白云岩和灰岩等,主要分布在蓝山县、东安县和宁远县等地区。

本书涉及露天矿山的地区主要有江华瑶族自治县、新田县、蓝山县、宁远县、道县、双牌县、祁阳市和零陵区,涉及矿产有水泥配料用黏土、砖瓦用页岩、建筑石料用灰岩、水泥用灰岩、饰面用花岗岩等。

监测区域开采建筑石料用灰岩（图11-1）：矿山处于开采中后期，共有3类矿山开发占地类型。采场呈灰褐色，采面形状不规则，纹理粗糙，较周围地形低；有一处中转场地，位于采场东南侧，顶棚覆盖面积大，为选矿区域；采场南侧有一处固体废弃物，为剥离的表土堆，有植被发育。

图11-1　建筑石料用灰岩矿山开发占地遥感影像

监测区域开采建筑石料用灰岩（图11-2）：矿山正处于开采期，共有两类矿山开发占地类型。采场呈阶梯状，采面呈灰白色，边界清晰，明显较周围地势低，有道路穿插其中；有一处中转场地，在采场南侧，可见选矿机械设备，为选矿区域。

图11-2　建筑石料用灰岩矿山开发占地遥感影像

监测区域开采砖瓦用页岩(图11-3):矿山正处于开采期,共有两类矿山开发占地类型。采场呈阶梯状,采面呈黄褐色,纹理粗糙,形状不规则;有一处中转场地,在采场东侧,顶棚覆盖面积大,为选矿区域。

图11-3 砖瓦用页岩矿山开发占地遥感影像

监测区域开采建筑石料用灰岩(图11-4):矿山正处于开采期,共有3类矿山开发占地类型。采场呈黄褐色,阶梯状,边界清晰,明显较周围地势低;有一处中转场地,位于采场北侧,顶棚覆盖面积大,为选矿区域;采场南侧有一处固体废弃物,为剥离的表土堆。

图11-4 建筑石料用灰岩矿山开发占地遥感影像

监测区域开采水泥用灰岩(图 11-5):矿山正处于开采期,仅有一类矿山开发占地类型。采面呈灰色,纹理粗糙,较周围地势低,有道路穿插其中。采面由山底向山体推进,东北侧坑底存在积水现象。

图 11-5　水泥用灰岩矿山开发占地遥感影像

监测区域开采砖瓦用页岩(图 11-6):矿山处于开采中后期,共有两类矿山开发占地类型。采场呈褐色,纹理粗糙,采面形状不规则,东南侧坑底存在积水现象;有一处中转场地,在采场东南侧,为选矿区域。

图 11-6　砖瓦用页岩矿山开发占地遥感影像

监测区域开采水泥用灰岩(图 11-7):矿山正处于开采期,共有 3 类矿山开发占地类型。采场呈灰色,边界清晰,较周围地势低,有道路穿插其中,开采面从山体推进;采场东北方向有一处矿山建筑区域,场地内以红顶建筑为主,主要用于矿产品的生产加工;矿区道路用于连接采场和矿山建筑。

图 11-7　水泥用灰岩矿山开发占地遥感影像

监测区域开采建筑石料用灰岩(图 11-8):矿山正处于开采期,共有 3 类矿山开发占地类型。采场呈灰色,阶梯状,有道路穿插其中,明显较周围地势低;有一处中转场地,位于采场北侧,其中的矿石堆为半圆形锥状堆积;采场东侧有一处固体废弃物,为剥离的表土堆。

图 11-8　建筑石料用灰岩矿山开发占地遥感影像

监测区域开采砖瓦用页岩(图 11-9):矿山正处于开采期,共有两类矿山开发占地类型。采场呈灰褐色,采面形状不规则,较周围地势低,与周围地物色调差异明显;有一处中转场地,位于采场北侧,顶棚覆盖面积大,为选矿区域。

图 11-9　砖瓦用页岩矿山开发占地遥感影像

监测区域开采水泥用灰岩(图 11-10):矿山正处于开采期,共有两类矿山开发占地类型。采场呈灰白色,边界清晰,采面形状不规则,有清晰的运输车道,从山顶自上而下进行开采;有一处中转场地,位于采场西北侧,可见选矿机械设备,为选矿区域。

图 11-10　水泥用灰岩矿山开发占地遥感影像

监测区域开采建筑石料用灰岩(图 11-11):矿山正处于开采期,共有两类矿山开发占地类型。采场呈黄褐色,采面形状不规则,明显较周围地势低;有一处中转场地,位于采场西侧,场地内矿石堆呈半圆形锥状堆积,可见选矿机械设备。

图 11-11　建筑石料用灰岩矿山开发占地遥感影像

监测区域开采砖瓦用页岩(图 11-12):矿山正处于开采期,共有两类矿山开发占地类型。采场呈灰白色至黄色,采面形状不规则,较周围地势低,与周围地物色调差异明显;有一处中转场地,位于采场东侧,被蓝顶矩形顶棚覆盖,为选矿区域。

图 11-12　砖瓦用页岩矿山开发占地遥感影像

监测区域开采建筑石料用灰岩(图 11-13)：矿山正处于开采期，共有两类矿山开发占地类型。采场呈黄褐色，采面形状不规则，较周围地势低；有一处中转场地，位于采场东南侧，场地南侧为堆放石料区域，北侧为选矿区域。

图 11-13　建筑石料用灰岩矿山开发占地遥感影像

监测区域开采饰面用花岗岩(图 11-14)：矿山正处于开采期，共有两类矿山开发占地类型。采场呈亮白色，影纹比较细腻，采面较规整，可见明显的切割痕迹，纹理比较平滑；有一处固体废弃物，位于采场东侧，为废石堆。

图 11-14　饰面用花岗岩矿山开发占地遥感影像

监测区域开采饰面用花岗岩(图 11-15):矿山处于开采初期,有两类矿山开发占地类型。采场呈亮白色,影纹比较细腻,采面较规整,无风化现象;固体废弃物位于采场南侧偏西,主要是沿山坡堆积的废石堆。

图 11-15　饰面用花岗岩矿山开发占地遥感影像

监测区域开采饰面用花岗岩(图 11-16):矿山已停止开采,仅有一类矿山开发占地类型。采场形状不规则,明显较周围地势低,有植被发育,已复绿。

图 11-16　饰面用花岗岩矿山开发占地遥感影像

监测区域开采建筑石料用灰岩(图 11-17):矿山正处于开采期,共有两类矿山开发占地类型。采场呈台阶状,灰白色,采面形状不规则,有道路穿插其中,可见运输车辆;有一处中转场地,位于采场南侧,场地内可见矿石堆和选矿机械设备。

图 11-17　建筑石料用灰岩矿山开发占地遥感影像

监测区域开采建筑石料用灰岩(图 11-18):矿山正处于开采期,共有两类矿山开发占地类型。采场呈台阶状,黄褐色,有道路穿插其中,明显较周围地势低;有一处中转场地,位于采场南侧,为选矿区域。

图 11-18　建筑石料用灰岩矿山开发占地遥感影像

监测区域开采砖瓦用页岩(图 11-19)：矿山处于开采后期，共有 3 类矿山开发占地类型。采场呈黄褐色，采面形状不规则，较周围地势低，有植被发育；采场西北侧有一处固体废弃物，已复绿；有一处中转场地，位于采场西侧，顶棚覆盖面积大，为选矿区域。

图 11-19　砖瓦用页岩矿山开发占地遥感影像

监测区域开采水泥用灰岩(图 11-20)：矿山正处于开采期，共有 3 类矿山开发占地类型。采场呈灰色，边界清晰，较周围地势低，有道路穿插其中，可见运输车辆；采场东侧有一处固体废弃物，为剥离的表土堆；有一处较大规模的矿山建筑，位于采场东北侧，场地内有大型圆顶及长方形建筑，主要用于矿产品的生产加工，另有一些生产加工附属设备在此区域内。

图 11-20　水泥用灰岩矿山开发占地遥感影像

监测区域开采水泥用黏土(图 11-21):矿山处于开采中后期,仅有一类矿山开发占地类型。采场呈黄色,边界清晰,采面地势较平坦,形状不规则,较周围地势低,有道路穿插其中,可见运输车辆。

图 11-21　水泥用黏土矿山开发占地遥感影像

十二、怀化市

怀化市位于湖南省西部偏南,处于武陵山脉和雪峰山脉之间,南接广西,西连贵州,与邵阳、娄底、益阳、常德、张家界等市和湘西土家族苗族自治州接壤。怀化市辖沅陵县、辰溪县、溆浦县、麻阳苗族自治县、新晃侗族自治县、芷江侗族自治县、鹤城区、中方县、洪江市、洪江区管委会、会同县、靖州苗族侗族自治县及通道侗族自治县、怀化高新技术产业开发区、怀化国际陆港经济开发区,总面积为27 564 km²,是湖南省面积最大的地级市。怀化市位于上扬子地块与南华裂陷槽的接壤地带——江南地块,区域变质作用普遍,区域成矿地质条件好,是中国南方重要的金锑成矿带和湖南铅锌、锰、重晶石、铜矿的重要矿产地。截至2020年底,已发现61种矿产,已开发利用45种,已探明有矿产储量的矿产40种。重晶石、石煤、高岭土、钒、电石用石灰石、玻璃用砂岩、饰面用花岗岩、磷、硫铁矿及冶金用白云岩在省内占有一定的优势地位。金、铜、铅、锑、锌、重晶石、饰面用花岗岩、玻璃用砂岩为优势矿产资源,在全市经济社会发展中发挥了重要基础作用。

怀化市矿产资源种类较多,以非金属为主,次为有色金属、贵金属矿产,共伴生矿多,单一矿产少,贫矿多,富矿少,小矿多,大矿少。

本书涉及露天矿山的地区主要有溆浦县、靖州苗族侗族自治县、辰溪县、通道侗族自治县和芷江侗族自治县,涉及矿产有玻璃用砂岩、水泥用灰岩、砖瓦用砂岩、砖瓦用页岩、建筑石料用灰岩、页岩、石灰岩等。

监测区域开采建筑石料用灰岩(图 12-1):矿山正处于开采期,共有两类矿山开发占地类型。采场呈阶梯状,采面呈黄褐色,边界清晰,最外侧一圈可见明显切割破坏痕迹,坑底挖掘痕迹明显;有一处中转场地,在采场东侧,顶棚覆盖面积大,为选矿区域。

图 12-1　建筑石料用灰岩矿山开发占地遥感影像

监测区域开采石灰岩(图 12-2):矿山正处于开采期,共有 3 类矿山开发占地类型。采场呈黄褐色,采面形状不规则,纹理粗糙,有道路穿插其中;有一处中转场地,位于采场北侧,可见选矿机械设备,为选矿区域;采场西北侧及东北侧各有一处固体废弃物,为废石堆和剥离的表土堆。

图 12-2　石灰岩矿山开发占地遥感影像

监测区域开采页岩(图12-3):矿山处于开采后期,共有3类矿山开发占地类型。采场呈深灰色,采面形状不规则,可见清晰的运输车道,发育少量植被;有一处中转场地,位于采场北侧,为选矿区域;采场西北侧有一处固体废弃物,为废石堆。

图12-3 页岩矿山开发占地遥感影像

监测区域开采水泥用灰岩(图12-4):矿山正处于开采期,共有3类矿山开发占地类型。采场呈灰白色,纹理粗糙,较周围地势低,有道路穿插其中;有两处中转场地,位于采场北侧,分别为选矿区域和矿石堆放区域;中转场地北侧有一处固体废弃物,为剥离的表土堆。

图12-4 水泥用灰岩矿山开发占地遥感影像

监测区域开采玻璃用砂岩(图12-5)：矿山正处于开采期，共有3类矿山开发占地类型。采场呈灰白色，纹理粗糙，采面形状不规则，较周围地势低；有一处中转场地，位于采场西南侧，为矿石堆放区域；采场西侧有一处固体废弃物，为剥离的表土堆。

图12-5　玻璃用砂岩矿山开发占地遥感影像

监测区域开采建筑石料用灰岩(图12-6)：矿山正处于开采期，共有两类矿山开发占地类型。采场呈黄褐色，阶梯状，边界清晰，明显较周围地势低；有一处中转场地，在采场北侧，顶棚覆盖面积较大，为选矿区域。

图12-6　建筑石料用灰岩矿山开发占地遥感影像

监测区域开采砖瓦用页岩(图 12-7)：矿山处于开采中后期，共有两类矿山开发占地类型。采场呈灰黄色，采面形状不规则，纹理粗糙；有一处中转场地，在采场南侧，顶棚覆盖面积大，为选矿区域。

图 12-7　砖瓦用页岩矿山开发占地遥感影像

监测区域开采水泥用灰岩(图 12-8)：矿山正处于开采期，共有两类矿山开发占地类型。影像显示有两处采场，西侧采场呈灰色，东侧采场呈灰白色，呈阶梯状，较周围地势低，有道路穿插其中；有两处中转场地，分别位于两个采场之间及东侧采场东侧，为矿石堆放区域。

图 12-8　水泥用灰岩矿山开发占地遥感影像

监测区域开采砖瓦用砂岩(图 12-9)：矿山处于开采中后期，共有两类矿山开发占地类型。采场呈黄色，采面形状不规则，纹理粗糙；采场南侧有一处中转场地，由大面积蓝顶工棚组成，为选矿区域。

图 12-9　砖瓦用砂岩矿山开发占地遥感影像

十三、娄底市

娄底市地处湘中腹地,全市辖2个县、2个市、1个区,分别是新化县、双峰县、冷水江市、涟源市、娄星区,总面积为8 109.58km²。全市地势总体呈西高东低,南北山地对峙,中部低凹成"S"形盆地的复合地貌特征。在地质构造方面,娄底市位于多个构造单元的交会处,包括龚家湾-金凤构造带、白马山-龙山隆起带、沩山-紫云山构造带和涟源坳陷等。此外,还有城步-桃江、邵阳-郴州、锡矿山-涟源3条深大断裂带,地质环境复杂。复杂的地质环境通常伴随着丰富的矿产资源,娄底市因此成为全省资源大市。截至2020年底,全市已发现矿产56种(72亚种),其中锑、煤、水泥灰岩是特色和优势矿产资源,资源储量居全省首位。

娄底市矿产资源具有贫矿多,富矿少,能源矿产煤和非金属矿产较多,金属矿产除锑外其他金属矿产少,矿产分布相对集中,区域性特征明显等特点。

本书涉及露天矿山的地区主要有双峰县、涟源市、冷水江市、新化县和娄星区,涉及矿产有水泥用灰岩、建筑石料用灰岩、建筑用白云岩、石灰岩、建筑用花岗石、饰面用花岗岩、高岭土、玄武岩、水泥配料用砂岩等。

监测区域开采建筑石料用灰岩（图13-1）：矿山处于开采中后期，共有3类矿山开发占地类型。采场有两处：一处在北侧，正处于开采期，呈灰色，亮度较高，呈不规则坑洼状态；另一处在南侧，呈深灰褐色，周边为弧形台阶状，处于开采中后期。中转场地有两处：一处是带有选矿设备选矿场地；另一处是堆放石料区域。固体废弃物位于老采场南侧，为表土堆。

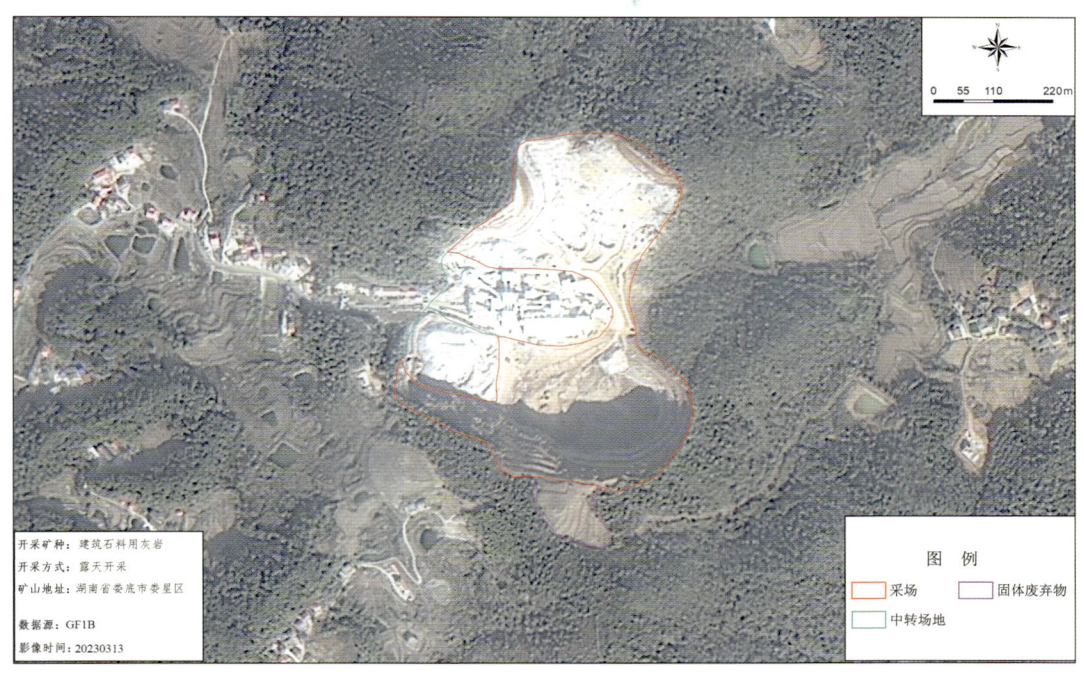

图13-1　建筑石料用灰岩矿山开发占地遥感影像

监测区域开采石灰岩（图13-2）：矿山处于开采中后期，仅有一类矿山开发占地类型。影像显示采场总体呈褐黄色，从北向南由低到高呈半弧形开采，采场东南侧呈凹凸不平的不规则开挖状态，采场底部较平坦，说明已开采较长时间。

图13-2　石灰岩矿山开发占地遥感影像

监测区域开采石灰岩(图 13-3):矿山处于开采中后期,共有两类矿山开发占地类型。采场整体呈黄褐色,部分浅灰色区域为线条状,采面呈开口向西北方向的弧形台阶状,采面西侧为一坑面,已有积水;中转场地紧邻采场,主要用作选矿厂房以及放置选矿设施。

图 13-3　石灰岩矿山开发占地遥感影像

监测区域开采建筑石料用灰岩(图 13-4):矿山正处于开采期,共有两类矿山开发占地类型。采场呈弧形台阶状,沿东南方向从上到下进行开采,采场呈黄褐色,整体亮度较高;中转场地主要为一具有蓝顶工棚结构的选矿场地和堆放部分石料区域。

图 13-4　建筑石料用灰岩矿山开发占地遥感影像

监测区域开采石灰岩(图13-5):矿山处于开采后期,共有3类矿山开发占地类型。采场以深灰色为主,有多个层面的采坑,采场北侧一采坑已有积水;中转场地位于采场北侧,可见蓝顶选矿工棚和部分石料堆放;固体废弃物位于采场外围,主要为剥离的表土堆。

图13-5　石灰岩矿山开发占地遥感影像

监测区域开采建筑用花岗石(图13-6):矿山处于开采中后期,共有两类矿山开发占地类型。采场中部呈灰黄色凹槽状切割开采,采场周边呈亮灰色较规则的台阶状;固体废弃物位于采场南部,主要为采场剥离的表土堆。

图13-6　建筑用花岗石矿山开发占地遥感影像

监测区域开采石灰岩(图 13-7):矿山处于开采中后期,共有 3 类矿山开发占地类型。采场中部为低洼坑面,已积水,周边为黄褐色和亮白色的环形台阶状采面;中转场地为具有工棚结构的选矿场地,厂棚之间有传送石料的带状连接结构;固体废弃物位于采场西北侧和西南侧,主要为地表剥离的表土堆。

图 13-7 石灰岩矿山开发占地遥感影像

监测区域开采建筑石料用灰岩(图 13-8):矿山处于开采中后期,共有两类矿山开发占地类型。采场呈灰褐色,环形台阶状,沿西南方向自上而下进行开采;中转场地部分被采场半包围,由带有选矿设备的选矿场和石料堆组成。

图 13-8 建筑石料用灰岩矿山开发占地遥感影像

监测区域开采建筑石料用灰岩（图 13-9）：矿山处于开采中后期，共有 3 类矿山开发占地类型。采场呈灰色和黄褐色，由中部一块开采凹陷的平地和周边少量环形台阶状采面组成；中转场地分为两处区域，一处是搭建工棚的选矿场地，另一处是用于堆放石料的场地；固体废弃物位于采场西侧，靠近中转场地，为已剥离的表土堆和排土场。

图 13-9　建筑石料用灰岩矿山开发占地遥感影像

监测区域开采建筑石料用灰岩（图 13-10）：矿山处于开采中后期，共有 3 类矿山开发占地类型。采场呈灰褐色和黄褐色，西南角为近似直角的台阶状采面，中部由凹陷平地和两个小坑组成；中转场地位于采场西侧，由具有蓝色工棚的选矿场地和已加工的石料堆组成；固体废弃物位于采场的南、北两侧，均为剥离的表土堆。

图 13-10　建筑石料用灰岩矿山开发占地遥感影像

监测区域开采石灰岩(图 13-11):矿山处于开采中后期,共有两类矿山开发占地类型。采场呈黄褐色和深灰色,由上下紧邻的两个开采平台组成,每个平台的西北侧呈台阶状;中转场地位于采场的南侧,包含浅绿色的选矿工棚、石料堆及其他选矿设施。

图 13-11　石灰岩矿山开发占地遥感影像

监测区域开采水泥用灰岩(图 13-12):矿山处于开采中后期,共有 4 类矿山开发占地类型。采场区域较大,以灰色、黄褐色为主,南侧为较平坦的开采坑面,北侧为较陡峭的采面;中转场地一处位于采场西侧,为具有工棚结构的选矿场地,另一处位于采场南侧,为传送带和石料堆;固体废弃物位于采场的东侧,主要由废弃石料及排土场组成;另有一处恢复治理区,靠近西侧中转场地,为一老旧采场,采坑有积水,四周采面有自然生长的植被。

图 13-12　水泥用灰岩矿山开发占地遥感影像

监测区域开采建筑石料用灰岩(图 13-13):矿山处于开采初期,共有 3 类矿山开发占地类型。采场中部高亮部分周围呈土黄色,无规则纹理,处于山体刚被开挖状态;中转场地位于采场南侧,呈土黄色,较为平坦;矿区道路位于采场西侧,主要为采场进一步扩大做准备。

图 13-13　建筑石料用灰岩矿山开发占地遥感影像

监测区域开采建筑石料用灰岩(图 13-14):矿山正处于开采期,共有 3 类矿山开发占地类型。采场呈土黄色和浅灰色,具不规则采面,主要沿东北方向从下向上开挖;中转场地位于采场南侧,呈灰色,主要堆放开采石料;固体废弃物有两处,分布于采场北侧和西侧,为排土场。

图 13-14　建筑石料用灰岩矿山开发占地遥感影像

监测区域开采建筑石料用灰岩(图13-15):矿山正处于开采期,共有两类矿山开发占地类型。采场以浅灰色为主,沿东自上而下以类似盘山公路的方式进行开采;中转场地位于山脚下的采场西侧,主体为具有工棚结构的选矿场地,另有少量石料堆放。

图 13-15　建筑石料用灰岩矿山开发占地遥感影像

监测区域开采石灰岩(图13-16):矿山处于开采中后期,共有3类矿山开发占地类型。采场呈灰色和土黄色,环形台阶状,台面较为平坦;中转场地位于采场南侧,主要为具有蓝顶工棚结构的选矿场地;固体废弃物位于采场北侧,为剥离的表土堆。

图 13-16　石灰岩矿山开发占地遥感影像

监测区域开采石灰岩(图 13-17):矿山处于开采中后期,共有 3 类矿山开发占地类型。采场沿西南方向自上而下进行开采,形成两个大坑面,较低坑面位于东北侧,以灰色为主,较高坑面呈黄褐色,位于西南侧,呈台阶状;中转场地以具有蓝顶工棚结构的选矿场为主,另有部分空地;固体废弃物位于采场南、北两侧,北侧主要为排土场,南侧为剥离的表土堆。

图 13-17 石灰岩矿山开发占地遥感影像

监测区域开采石灰岩(图 13-18):矿山处于开采中后期,共有 4 类矿山开发占地类型。采场呈浅灰色和土黄色,整体近似长方形,南北走向,中间已形成较为平坦的坑面,周边呈半环形台阶状;中转场地有两处,一处靠近采坑南侧坑面平台,为具有较大型工棚结构的选矿场地,另一处由矿区道路连接,位于采场西南侧,是由两处小型工棚组成的选矿场地;固体废弃物位于采场北侧和西侧,主要是剥离的表土堆。

图 13-18 石灰岩矿山开发占地遥感影像

监测区域开采石灰岩(图 13-19)：矿山处于开采中后期，共有 3 类矿山开发占地类型。采场呈灰褐色，沿东自上而下进行开采，东侧可见不完整的台阶状采面；中转场地位于采场西侧，由具有灰绿色顶工棚结构的选矿场地、传送带以及石料堆组成；固体废弃物位于采场南侧，主要为排土场。

图 13-19　石灰岩矿山开发占地遥感影像

监测区域开采建筑石料用灰岩(图 13-20)：矿山处于开采中后期，共有 3 类矿山开发占地类型。采场正在开采处呈浅灰色，地势较低，老旧采区呈灰褐色，地势较高，整体为中间较平坦的采坑，周边为弧形台阶状的采面；中转场地有两处，均为以蓝顶工棚结构为主的选矿场地，伴有传送装置和石料堆；固体废弃物位于采场西侧边缘，为剥离的表土堆。

图 13-20　建筑石料用灰岩矿山开发占地遥感影像

监测区域开采饰面用花岗岩(图 13-21):矿山处于开采中后期,共有 3 类矿山开发占地类型。采场正在开采区呈浅灰色和土黄色,中间形成较为平坦的采面,由于该类矿山一般采用切割开采方式,因而在南、北、西 3 侧形成开采立面;老旧采区呈灰褐色,位于正在开采区西、南侧。中转场地仅为一具有小型蓝顶工棚结构的选矿场地。固体废弃物分为两部分,位于采场西北侧的是剥离表土堆,位于采场东南侧的是大面积排土场。

图 13-21　饰面用花岗岩矿山开发占地遥感影像

监测区域开采玄武岩(图 13-22):矿山正处于开采期,共有两类矿山开发占地类型。采场呈灰褐色和灰色,沿南偏西方向自上而下进行开采,采场中部较为平坦,周边为斜坡式开采;固体废弃物位于采场东南侧,为剥离的表土堆。

图 13-22　玄武岩矿山开发占地遥感影像

监测区域开采高岭土（图13-23）：矿山正处于开采期，共有3类矿山开发占地类型。采场有两处，一处呈灰褐色，沿南偏北方向，下宽上窄呈台阶状进行开采；另一处呈黄褐色，北西走向，沿西南方向自上而下呈台阶状开采。中转场地近东西走向，位于两个采场之间，主要为堆放石料区域，中间有一处具有蓝顶工棚的选矿场。固体废弃物位于中转场地东、西两侧，为排土场。

图13-23　高岭土矿山开发占地遥感影像

监测区域开采水泥配料用砂岩（图13-24）：矿山正处于开采期，共有两类矿山开发占地类型。采场分为东、西两部分，东部采场呈高亮灰褐色，已形成凹陷开采坑面；西部采场呈较暗的灰绿色，采面开挖较浅。固体废弃物位于采场周边，主要为排土场，两采场之间的区域是较为典型的下大上小的扇形排土场。

图13-24　水泥配料用砂岩矿山开发占地遥感影像

监测区域开采建筑用白云岩（图13-25）：矿山处于开采中后期，共有4类矿山开发占地类型。采场东侧呈土黄色，为采面平台，采场西侧为灰褐色；中转场地位于采场西南侧，由具有蓝顶工棚的选矿场地及石料堆组成；固体废弃物位于采场北侧，主要为排土场；矿区道路用于连接采场和中转场地。

图13-25　建筑用白云岩矿山开发占地遥感影像

监测区域开采建筑石料用灰岩（图13-26）：矿山正处于开采期，共有3类矿山开发占地类型。采场呈灰色和土黄色，从南向北由低到高开采；中转场地位于采场东南侧，为堆放石料场地；固体废弃物共有4处，位于采场周围，主要为剥离的表土堆。

图13-26　建筑石料用灰岩矿山开发占地遥感影像

监测区域开采建筑石料用灰岩(图13-27):矿山正处于开采阶段,共有两类矿山开发占地类型。采场中部呈灰色,边缘呈灰褐色,由北向南进行开采,北部较为平坦,单侧为开采陡立面;中转场地位于采场南侧,由灰顶工棚选矿场地、传送带装置以及石料堆组成。

图13-27　建筑石料用灰岩矿山开发占地遥感影像

监测区域开采建筑石料用灰岩(图13-28):矿山处于开采中后期,共有4类矿山开发占地类型。采场呈较亮的灰褐色,环形台阶状,中部较低洼,为平坦的坑面,坑面的东北部有一高亮采坑,坑面西南侧采坑已积水;中转场地位于采场西侧,主要由具有工棚结构的选矿场地及部分石料堆组成;另有老采场的恢复治理区,位于采场东侧,恢复治理区内开采平台及台阶区域均已自然生长植被,呈墨绿色;矿区道路用于连接采场和中转场地。

图13-28　建筑石料用灰岩矿山开发占地遥感影像

监测区域开采建筑石料用灰岩(图13-29):矿山处于开采中后期,共有3类矿山开发占地类型。采场呈灰褐色,沿东南方向自上而下进行开采,西北侧较为平坦,东北侧一采坑已有积水,东南侧采面为弧形台阶状;中转场地位于采场东北侧,由具有蓝顶工棚的选矿场地和石料堆组成;固体废弃物位于采场西北侧,主要为排土场。

图 13-29　建筑石料用灰岩矿山开发占地遥感影像

监测区域开采建筑石料用灰岩(图13-30):矿山正处于开采期,共有3类矿山开发占地类型。采场呈褐黄色,沿西北方向自上而下进行开采,分为南、北两侧两个较大的开采平台进行开采;中转场地位于采场东侧,由矿区道路连接,以浅灰顶工棚选矿场为主,另有传送带装置及部分空地。

图 13-30　建筑石料用灰岩矿山开发占地遥感影像

监测区域开采建筑石料用灰岩(图 13-31)：矿山正处于开采期，共有两类矿山开发占地类型。采场呈褐黄色，沿东南方向自上而下进行开采，西北侧较为平坦，东南侧为较陡立的弧形台阶状开采面；中转场地位于采场北侧，主要为由灰顶工棚及传送转送装置等组成的选矿场地，另有部分石料堆。

图 13-31　建筑石料用灰岩矿山开发占地遥感影像

监测区域开采建筑石料用灰岩(图 13-32)：矿山正处于开采期，共有两类矿山开发占地类型。采场为典型的台阶式开采，最底部分已自然恢复，另外在采场东南侧有另一老旧采场，也处于自然恢复状态；有两处中转场地，分别为堆放石料区域和选矿区域；采场西北角有一处固体废弃物，为废石堆和剥离的表土堆；矿区道路主要用于连接两个采场和中转场地。

图 13-32　建筑石料用灰岩矿山开发占地遥感影像

监测区域开采建筑石料用灰岩(图 13-33):矿山正处于开采期,共有 3 类矿山开发占地类型。采场呈灰色,沿南方向从高到低进行开采,北部为较平坦的开采平台,南部为较陡的弧形台阶状采面;中转场地位于采场北侧,由以深绿顶工棚及传送装置为主的选矿场地和部分石料堆组成;固体废弃物位于采场南侧,为剥离的表土堆,呈扇形堆放。

图 13-33　建筑石料用灰岩矿山开发占地遥感影像

十四、湘西土家族苗族自治州

湘西土家族苗族自治州(简称湘西州)地处湖南省西北部,位于湘鄂渝黔交界处,北接湖北省,西与重庆市为邻,西南与贵州省接壤,地处云贵高原东侧的武陵山区,总体地势为西北高、东南低。全州辖1个县级市、7个县,分别是吉首市、泸溪县、凤凰县、花垣县、保靖县、古丈县、永顺县和龙山县,总面积达15 500 km²。湘西州的地质构造复杂,经历了多期次的构造运动,形成了多种地貌类型,包括侵蚀溶蚀型中山峰丛洼地地貌、侵蚀溶蚀型低山溶丘谷地地貌、河谷侵蚀型堆积地貌、侵蚀构造型中低山地貌和溶蚀构造型高山台地峡谷地貌。湘西州地质构造属于扬子地台区,毗邻华南加里东褶皱区,是在中上扬子克拉通基础上发展起来的前陆盆地。截至2020年底,湘西土家族苗族自治州已发现矿产45种,已探明资源储量的矿产38种。已探明的主要矿产有铅、锌、汞、锰、磷、铝、煤、紫砂陶土、含钾页岩等,其中锰、汞、铝、紫砂陶土矿储量居湖南省之首,锰工业储量310 657万t,居全国第二,汞远景储量居全国第四。

本书涉及露天矿山的地区主要有永顺县、龙山县、古丈县和保靖县,涉及矿产有饰面用大理石、方解石、水泥用灰岩、建筑石料用灰岩、白云岩、石英岩等。

监测区域开采水泥用灰岩(图 14-1):矿山处于开采中后期,共有 6 类矿山开发占地类型。采场为典型的台阶式开采,采场西侧部分已自然恢复;采场北侧有一处固体废弃物,为剥离的表土堆;采场南侧为一矿山建筑,房屋分布较为集中,边界清晰,轮廓规整,主体建筑呈长条状,为生产加工区,中间有部分为办公生活区;矿区道路主要连接采场和矿山建筑;矿山建筑南侧有一处中转场地,为由多个工棚组成的选矿区域。

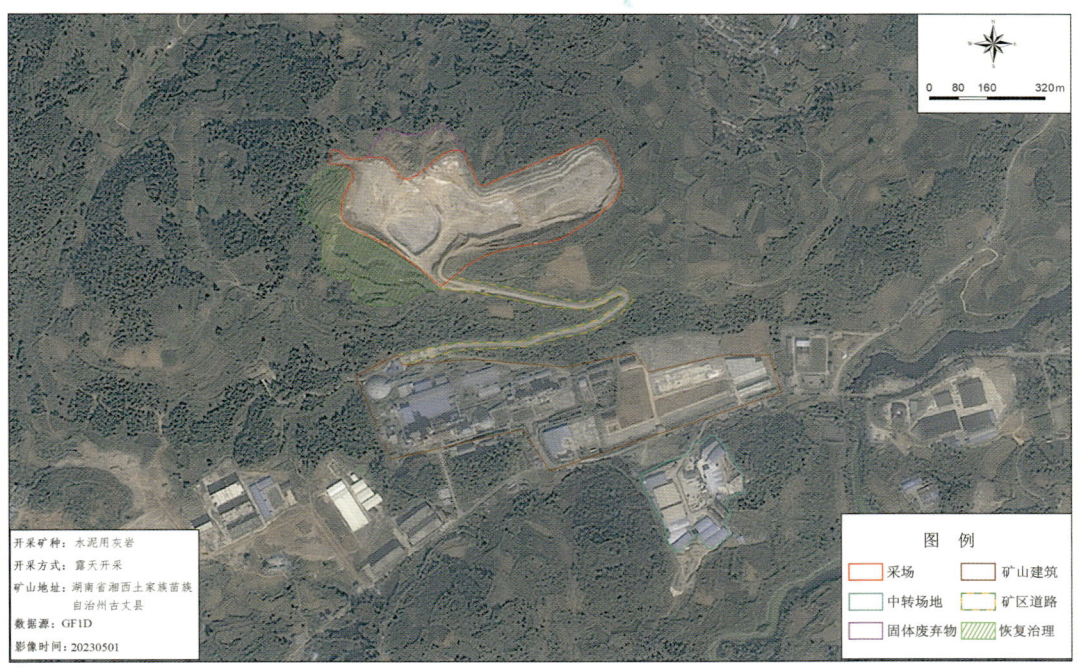

图 14-1 水泥用灰岩矿山开发占地遥感影像

监测区域开采建筑石料用灰岩(图 14-2):矿山正处于开采期,共有两类矿山开发占地类型。采场呈阶梯状,边界清晰,采场内几乎无植被发育,采矿专用道路发育;中转场地位于采场南侧,由具有蓝顶工棚的选矿区域和堆放石料区域组成。

图 14-2 建筑石料用灰岩矿山开发占地遥感影像

监测区域开采石英岩(图14-3):矿山处于开采后期,仅有一类矿山开发占地类型。采场边界清晰,采场东北侧有少量植被发育。

图14-3 石英岩矿山开发占地遥感影像

监测区域开采建筑石料用灰岩(图14-4):矿山正处于开采期,共有两类矿山开发占地类型。采场呈阶梯状,边界清晰,最外侧一圈可见明显的切割破坏痕迹,坑底挖掘痕迹明显;采场北侧有一处中转场地,为具有蓝顶工棚的选矿区域。

图14-4 建筑石料用灰岩矿山开发占地遥感影像

监测区域开采建筑石料用灰岩(图14-5):矿山正处于开采期,共有两类矿山开发占地类型。采场呈阶梯状,边界清晰,采场内几乎无植被发育;采场南侧地势较低处为中转场地,主要由具有蓝顶工棚的选矿区域组成。

图14-5 建筑石料用灰岩矿山开发占地遥感影像

监测区域开采白云岩(图14-6):矿山正处于开采期,共有3类矿山开发占地类型。采场呈灰白色,纹理粗糙,较周围地势低;采场东南侧有一处中转场地,由堆放石料区域和几个搭建工棚的选矿区域组成;采场西南角有一处固体废弃物,为废石堆和剥离的表土堆。

图14-6 白云岩矿山开发占地遥感影像

监测区域开采方解石(图 14-7):矿山正处于开采期,共有两类矿山开发占地类型。采场形状不规则,纹理粗糙,明显较周围地势低,采场内几乎无植被发育;采场西侧有一处中转场地,主要为搭建工棚的选矿区域,小部分为堆放石料区域。

图 14-7 方解石矿山开发占地遥感影像

监测区域开采饰面用大理石(图 14-8):矿山正处于开采期,共有 3 类矿山开发占地类型。采场纹理粗糙,较周围地势低,有道路穿插其中;有两处固体废弃物,分别位于采场西南侧和东南侧,为废石堆;采场南侧有一长条状中转场地,用于堆放石料和选矿。

图 14-8 饰面用大理石矿山开发占地遥感影像

监测区域开采建筑石料用灰岩(图 14-9):矿山正处于开采期,共有 3 类矿山开发占地类型。采场呈阶梯状,较周围地势低,有道路穿插其中,无植被发育;采场西北侧有一处中转场地,用于堆放石料和选矿;采场东侧有一处固体废弃物,为剥离的表土堆。

图 14-9　建筑石料用灰岩矿山开发占地遥感影像

监测区域开采建筑石料用灰岩(图 14-10):矿山处于开采中后期,共有两类矿山开发占地类型。采场形状不规则,纹理粗糙,有少量植被发育;采场东南侧有一处中转场地,为选矿区域。

图 14-10　建筑石料用灰岩矿山开发占地遥感影像

监测区域开采饰面用大理石(图 14-11):矿山正处于开采期,共有 3 类矿山开发占地类型。采场纹理粗糙,较周围地势低,有道路穿插其中,北侧坑底存在积水现象;采场西北侧有一处中转场地,为选矿区域;矿区道路连接采场和中转场地。

图 14-11　饰面用大理石矿山开发占地遥感影像